0才からの しあわせな 子猫の育て方

東京猫医療センター 院長
服部 幸 監修

あなたは猫のことをどれくらい知っていますか？

子猫は小さくてかわいくて、
でもいまいちなにを考えているのかわからないから神秘的。
もっともっと猫の魅力を知って、
猫との暮らしを楽しみましょう。

Let's have a happy time with cats!

生まれたときは手のひらサイズしかない子猫ですが、
毎日すくすく成長していきます。

生後間もない赤ちゃん猫は、
母猫の母乳や人工授乳で育ちます。
食事はとても大切なこと。
飼い主さんが選んだ食事が、
猫の健康を左右します。
愛猫にあった食事を選んであげましょう。

そして、母猫やきょうだい猫と接することで、
猫社会のルールを覚えていきます。

猫の成長はとってもはやく、
1才になれば立派なおとな。
その成長を見守る飼い主さんは、
猫にとって母猫そのものです。

性格は自分勝手でクールだと思われがちですが……

甘えることだってもちろんありますよ。そんなときは、思いっきり甘えさせてあげてください。

猫はマイペースな動物です。
気が向かないときはそっけないこともありますが、
ときには、成猫になってからも
子猫気分のまま甘えてきます。
その自由気ままさも、猫の魅力のひとつです。

警戒心が強く、ちょっぴり小心者の一面もありますが、好奇心だって旺盛です。

なわばり意識の強い猫は、部屋の中でもパトロール!
自分のなわばりに侵入者がいないか、
異常がないか、確認しています。

でも、ときどきいたずらするのがたまにキズ。

成猫にくらべ子猫は好奇心旺盛なので、
そのやんちゃぶりに困ることもあるかもしれません。
でも、おとなになるにつれて
だんだん落ち着いていくので、安心してくださいね。

1日のほとんどは夢の中……。
いっぱい眠って、元気に大きくなってね。

猫は1日の大半寝ています。
かまってもらえなくて、飼い主さんとしては
ちょっと寂しいかもしれませんが、
安心して眠っている猫の姿を見るのは、
なにより幸せな時間。

大好きな飼い主さんになでてもらうのは至福の時間。

母猫は赤ちゃん猫の全身をなめて、
清潔を維持し健康を保ちます。
飼い主さんに優しくなでてもらうのは、
子猫にとって母猫に守られているのと同じ感覚。

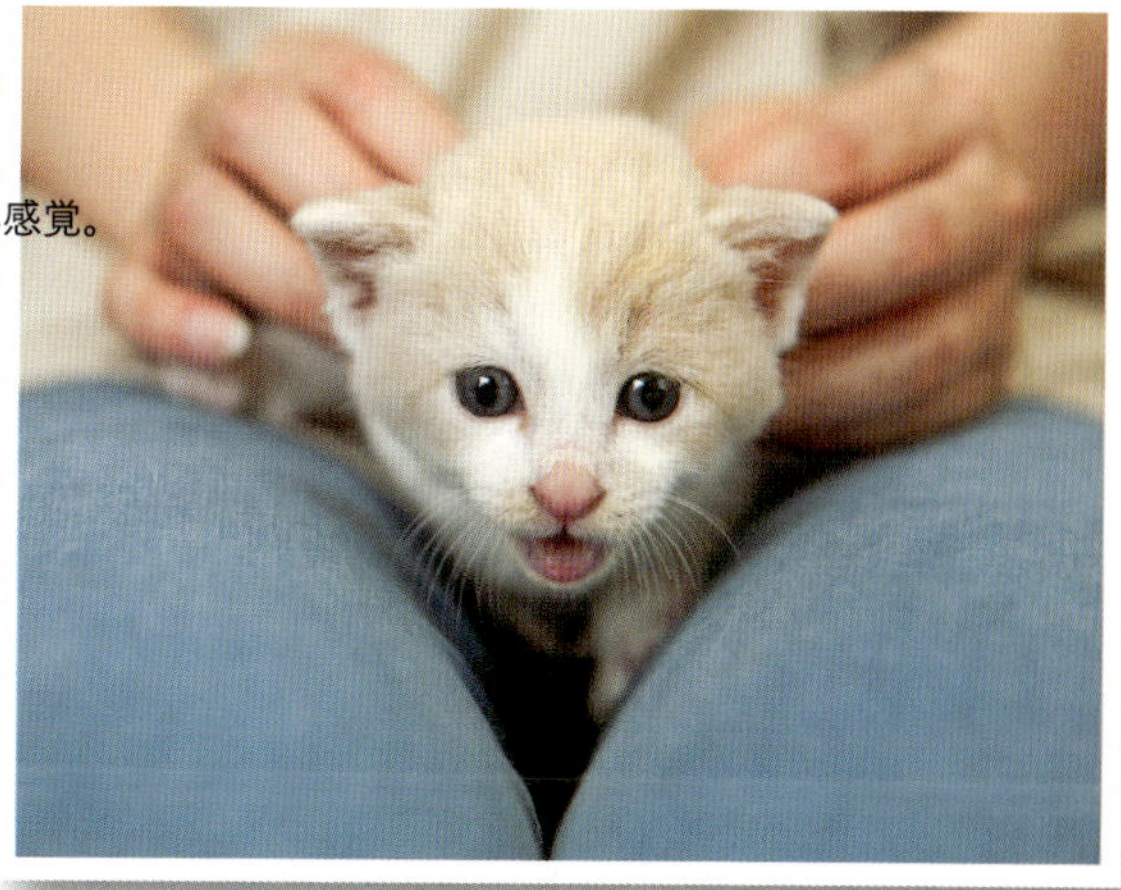

そして、もちろん遊ぶのも大好き！ 飼い主さんといっぱい遊びたいって思ってるんです。

猫は遊ぶのが大好き。
飼い主さんもいっしょに遊んで、
楽しい時間を共有しましょう。

猫がいる生活は幸せそのものです。
もっともっと猫のことを知って、猫との絆を深めましょう。

はじめに

人間の赤ちゃんとくらべて、わずか40分の1ほどの大きさでしかない猫の赤ちゃん。その育て方はいろいろと違うことがありますが、それでも愛情は同じだけ必要です。

猫は、犬と違い飼い主さんと主従関係を結びません。そのかわり、飼い主さんのことを一生母親だと思って絆を結びます。たっぷりの愛情を受けて育った子猫は、きっとあなたに幸せな時間を返してくれるはずです。

では、まずなにをしたらいいのでしょうか？
ミルクはどうやってあげる？
トイレのお世話はどうしたらいい？
どんなことに注意をする必要がある？
あなたが知りたいこと、気になることを本書でご紹介していきます。

もちろん、2〜3か月ほどまで育った子猫を迎える飼い主さんも多いでしょう。子猫期から、おとなになり、やがて飼い主さんのもとを旅立つときまで。猫の一生をともに、幸せにすごすために、知っておきたいさまざまなことを本書ではご紹介しています。

手のひらに乗るくらいの小さな小さな命に道ばたで偶然出会った、
保護団体や保健所から迎える決心をした、
ペットショップやブリーダーさんのところで一目ぼれした、
これから誕生する命を心待ちにしている……
猫といっしょに生きていくことを選んだすべての人へ
本書がその手助けになれば幸いです。

猫といっしょに生きていくことは、かけがえのない幸せな時間です。
猫との生活を楽しみましょう。

東京猫医療センター
院長　服部 幸

CONTENTS

CHAPTER 1 赤ちゃん猫の育て方

CHAPTER 2 子猫からの基本的なお世話

CHAPTER 3 体のお手入れのしかた

CHAPTER 4 もっと猫のことが知りたい！

CHAPTER 5

遊びとコミュニケーション

CHAPTER 6

猫の健康を守る

neko column

うちの猫の場合 column

CHAPTER

1

赤ちゃん猫の育て方

生後2か月くらいまでの赤ちゃん猫は、食事を頻繁に与えたり、
排せつの介助や保温が必要だったりと、大変手間がかかります。
生死に直結するこれらのお世話をしっかり把握し、
健康な成猫へ育てましょう。

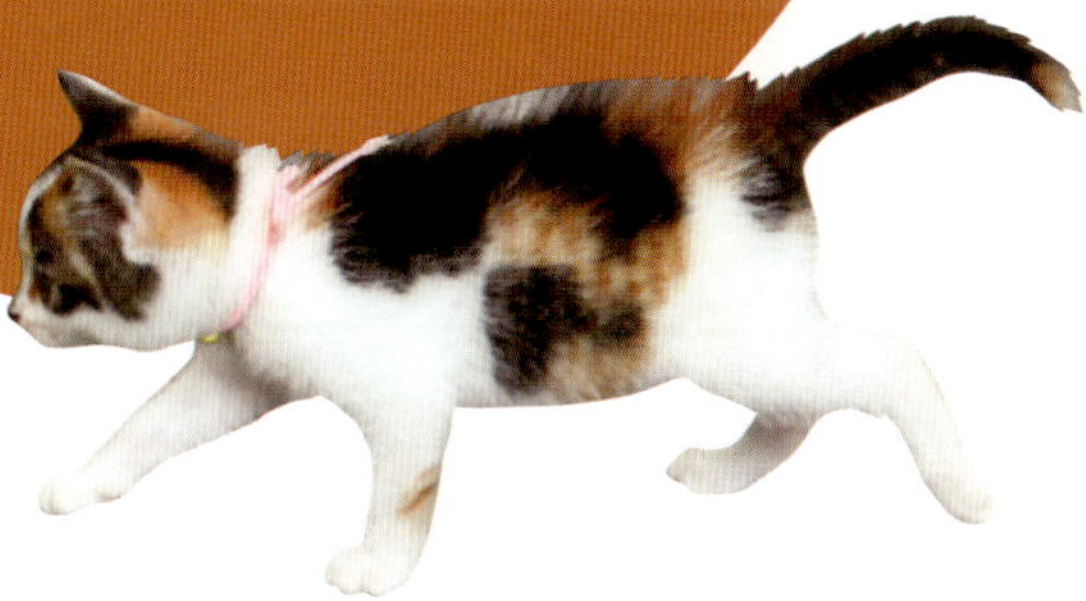

赤ちゃん猫
Baby cat

赤ちゃん猫の特徴って？

だれかの助けなしでは生きられないのが赤ちゃん猫

赤ちゃん猫といえば、手のひらに乗るくらい体が小さくて、「ミーミー」かわいらしく鳴く、愛らしい生き物。だれもが目尻を下げずにはいられないその姿は、しかし、弱さの裏返しでもあります。体が小さいというのは未熟だということ。ミーミー鳴くのはなにかを要求しているということ。赤ちゃん猫は、母猫や飼い主さんの存在があってはじめて生きられる、非常に弱い生き物なのです。

また、今は幼い猫も、1年たてば成猫になり、長ければ20年以上もいっしょに暮らす家族になります。赤ちゃん猫の飼い主さんには、目先のかわいらしさにとらわれず、責任をもって最期まで飼いつづける

1 生まれてすぐは目も見えず、耳も聞こえない

生後間もない赤ちゃん猫は、まだ目も見えず、耳も聞こえない状態です。視力や聴力が備わるのは生後3週齢ごろから。そのため、最初は母猫のおっぱいをにおいで探り、母乳を飲みます。授乳期の猫は母乳からすべての栄養を得ているので、母猫がいない場合や育児放棄をした場合は、人が母猫のかわりに子猫用ミルクを与えなければいけません。

2 自分で体温調整ができない

生まれたばかりの赤ちゃん猫は、自分で体温を調節することができません。できるようになるのは、だいたい生後5～7週齢にかけて。それまでは母猫やきょうだい猫にくっついて温めあい、体温を維持しています。体が弱い赤ちゃん猫は体温が低くなるとあっという間に弱ってしまうため、人がお世話をする場合も、母猫のふところのような環境を整える必要があります。

覚悟が必要になります。

赤ちゃん猫を飼うことになった飼い主さんは、捨て猫を保護したなどの緊急な場合も多いことでしょう。赤ちゃん猫を育てるには、たくさんの時間と労力がかかります。苦労することも多いはずです。そのため、わからないことや不安なことは、信頼できる獣医さんに相談することが大切です。まずは赤ちゃん猫の特徴や、お世話のしかたをしっかり理解してください。そうして正しいお世話を行い、たくさんの愛情をかけて、愛猫を心身ともに健康で立派なおとなの猫へと育てましょう。

3 自分で排せつすることもできない

生後3週齢ごろまで、赤ちゃん猫は自分で排せつすることができません。母猫は赤ちゃん猫のおしりをなめて刺激し、排せつを促します。排せつをしていないとミルクをいっぱい飲めず、十分な栄養をとることができません。母猫がいない場合は、飼い主さんが同じように授乳のたびにぬらしたティッシュなどでおしりを刺激して、排せつをさせてあげる必要があります。赤ちゃん猫には、ひとりではできないことがたくさんあるのです。

4 好奇心いっぱいで警戒心がない

2週齢ごろから赤ちゃん猫はよちよち歩きをはじめます。好奇心が芽生えはじめるのも同じころ。母猫やきょうだい猫とじゃれあうようになる時期なので、飼い主さんもおもちゃを使っていっぱい遊んであげてください。コミュニケーション能力の発達や、好奇心旺盛な猫に育つかもこの時期に決まります。なにに対しても興味をもつこの時期に、たくさんの人とふれあいをもたせ、多くの経験をさせてあげると、人が大好きで物怖じしない子に育つといわれています。

5 たくさん食べて日に日に大きくなる!

赤ちゃん猫は日に日に体が大きくなっていきます。毎日体重をはかり、しっかり育っているかを確認しなければいけません。体重が増えていなかったり、逆に減っている場合は、体に異常をきたしているおそれがあるからです。順調に育てば、赤ちゃん猫は1週目で体重が約2倍、2週目で約3倍、3週目には約4倍になります。1才を迎えるころには、立派な成猫へと成長しているでしょう。その成長を見守る飼い主さんは、猫にとって母親そのものなのです。

赤ちゃん猫
Baby cat

子猫期の成長過程を知ろう

赤ちゃん猫の成長段階によって必要なお世話は変化する！

1才までの猫の成長は著しく、日々体が大きくなっていくといっても過言ではありません。そして体の大きさだけではなく、五感や感情、行動も刻一刻と成長していきます。そのため、飼い主さんにはその変化にあわせたお世話が求められるのです。

緊急に赤ちゃん猫を保護した場合は、「目が開いているか」「歯は生えているか」「歩けるか」など、猫の成長段階をもとに出生日を推定することができます。

子猫が今どの成長段階にいるのか、そして今後どんなお世話が必要になるのか知り、週齢・月齢にあわせたお世話をしてあげましょう。母猫がいない場合はとくに、飼い主さんが母猫にかわって、本来母猫が子猫に教えること、してあげるお世話を行う必要があります。

週齢別

体の成長＆お世話のポイント一覧表

週齢・月齢ごとに、体の成長とそのときしてあげたいお世話をまとめました。とくに赤ちゃん猫の場合、お世話をおこたると命にかかわることもあります。どんなお世話が必要か把握しておきましょう。

週齢
体重の目安
体の成長
お世話のポイント

誕生

80〜120g

- 生まれてすぐにミルクを飲みだす
- 体重が毎日約10gずつ増える
- 自力で体温調節ができない

体温は成猫より低く35〜36℃

へその緒は
生後4日目くらいに
とれるよ

1週齢（1〜7日）

200〜250g（生後7日目の目安）

- 目が開くが、まだ見えない
- 耳道が開く

歯はまだ
生えてないんだ

- 食事は、子猫用ミルクを約3時間おきに与える
  ミルクの与え方 ➡ 30ページ
- 肛門を刺激して排せつをさせる
  排せつのさせ方 ➡ 34ページ
- しっかり育っているか毎日体重をはかって確認する
  体重のはかり方 ➡ 28ページ
- 体温が下がらないよう保温する
  保温のしかた ➡ 29ページ
- 母猫が子猫をなめるように全身をなでてあげる
  スキンシップのとり方 ➡ 35ページ

2週齢（8～14日）

社会化期

350～400g（生後14日目の目安）

週齢	2週齢（8～14日） 社会化期
体重の目安	350～400g（生後14日目の目安）

体の成長

- 目が見えはじめる
- 上下犬歯、門歯が生えはじめる
- 耳が立つ
- よちよち歩きをはじめる
- 好奇心が芽生える

14日

ちょっと歩けるように
なったよ!
15日

爪切りに慣らそう

爪切りは、猫のケガ防止のために、きょうだいでじゃれあいをはじめる生後3週齢以前から開始したいお手入れです。この時期の猫の爪はとっても小さいので、切るときは血管を切らないように注意しましょう。

お世話のポイント

- 多くの人や動物、ブラッシングなどのお手入れに慣れさせはじめる

社会化期のはじまり

詳しくは➡35ページ

- 自分で歩けるようになるため、囲いのなかで生活させる

まだ爪を引っこめる
ことができないんだ
15日

3〜4週齢（15〜28日）

社会化期

400 〜 500g

- 自分で排せつができるようになる
- きょうだいでじゃれあうようになる
- 上下運動ができるようになる
- 視力がはっきりする
- 音が完全に聞こえる
- 出たままだった爪を引っこめることができるようになる

遊びも活発になる
時期なんだ!

- 子猫用トイレを用意して、トイレを覚えさせる

トイレの教え方 ⬇ 58ページ

- 離乳を開始して、離乳食を与えはじめる

離乳食の与え方 ⬇ 32ページ

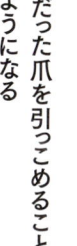

5〜7週齢（29〜49日）

社会化期

週齢	5〜7週齢（29〜49日）社会化期
体重の目安	500〜700g

体の成長

- 自分で体温調節ができるようになる
- ジャンプしたり、ものに飛び乗ることができるようになる
- 乳歯がほぼ生えそろう
- きょうだいどうしでなめあうようになる
- 恐怖心や警戒心が芽生えはじめる

40日

自分で毛づくろいできるよ！

45日

30日

お世話のポイント

- 狩りへの欲求が高まるため、遊ぶ時間を増やす

遊び方 ⬇ 136ページ

- 飛び乗れるスペースを用意する

「社会化期」を意識したお世話をしよう！

生後2〜9週齢の時期を「社会化期」といい、この時期に経験したことは今後の猫の性格に大きく影響します。お手入れをいやがらない猫にするためには、社会化期にひととおりのお世話に慣らしておくことが重要。終わったらごほうびをあげたり、遊んであげたりしてお手入れによい印象をもってもらいましょう。逆に、猫にいやな思いをさせてしまうとお手入れを「いやなこと」として覚えてしまいます。

生後2か月以降の体の成長&お世話のポイント

2か月

- 離乳食から子猫用フードに切りかえる
- 1回目のワクチン接種をする

3か月

- 2回目のワクチン接種をする（以降は1年に1回）

ワクチン接種について ➡ 168ページ

ここも知りたい!

なぜ子猫期には2回ワクチンを打つの?

母猫の初乳を飲んでいる赤ちゃん猫は、ウイルスや細菌が原因の病気に対する抗体（移行抗体）を初乳からもらっています。しかし、移行抗体の効果は生後2か月くらいで切れるため、その時期に最初のワクチンを打つのが理想なのです。さらに約1か月あけて、1回目のワクチン接種で免疫細胞に記憶させた病原体の情報をしっかり根づかせるために（ブースター効果）、2回目のワクチンを打ちます。

- 早い子は永久歯が生えはじめる

4か月

- メスの場合、早い子は発情期を迎える

5か月

- オスの場合、早い子は発情期を迎える

6か月

- 子どもを産ませることを考えていない場合は、避妊・去勢手術をする

詳しくは ➡ 160ページ

- 完全に永久歯が生える
- 健康診断を受ける
（以降は、1～7才の猫は1年に1回、7才以上の猫は半年に1回）

詳しくは ➡ 168ページ

1才

- おとなの体に成長する
- 子猫用フードから成猫用フードに切りかえる

赤ちゃん猫
Baby cat

赤ちゃん猫を迎えたら

迎えたときになにをしたらいいか あらかじめ把握しておこう

赤ちゃん猫を迎えるとき、出会い方によって、やらなければいけないことは異なります。ゆずり受ける場合は、迎える準備が大切。一方、緊急で捨て猫を保護したときなどは、直後のケアが重要になります。まずなにをすればいいのか、確認しておきましょう。

ゆずり受ける場合

ゆずり受ける場合は、必要なものを用意して飼育環境が整ってから迎えましょう。初日は環境の変化から猫が体調を崩すことも考えられるため、飼い主さんが終日在宅できる日を選び、1日猫のようすを観察できるように午前中に引きとるのが理想です。

引きとる前

もとの飼い主さんから、猫の出生状況、現在食べているフード、好きな遊び方、病院で健康診断や血液検査をしたかなどを聞いておきましょう。ワクチン接種がすんでいる場合は、証明書をもらうのも忘れずに。

また、自分で排せつができる猫なら、オシッコをしたトイレ砂をもらい、新しいトイレに入れてあげるとそそうの心配は少なくなります。においがついたタオルやおもちゃをもらって新しい寝床に入れてあげるのも、猫が安心するのでよいでしょう。

引きとり後

フードは引きとる前と同じものを、同じ時間に与えましょう。トイレ砂も以前と同じものを使ってください。

また、猫を迎えてしばらくは、静かな場所に保温箱や囲いなどで猫の生活スペースを決め、必要以上に猫にかまわないことが大切です。ただし、観察はおこたらずに！　猫のようすに少しでも異変があったらすぐに病院に連れて行きましょう。異変がない場合も2～3日中には一度病院へ連れて行き、主治医を決めておくと安心です。

母猫が世話をしているなら生後2か月以降にゆずり受ける

赤ちゃん猫は母乳から必要な栄養を得ています。そのため、授乳期である生後2か月ごろまでは母猫と離さないのが理想です。離乳食を食べはじめ、食べ方やウンチの状態が安定していることを確認してからゆずり受けましょう。また、赤ちゃん猫は生きるうえで必要なことを母猫から学ぶため、早い時期に離してしまうと環境への適応のしかたがわからず、情緒が不安定になりやすいといわれています。

拾った場合

瀕死の猫を保護した、捨て猫がいたなど、赤ちゃん猫との出会いは唐突におとずれるケースが多いもの。まずは動物病院へ連れて行くのが先決です。出生日の推定や健康状態の確認をし、飼育指導をしてもらいましょう。拾った直後の行動が、猫の命を左右することもあります。

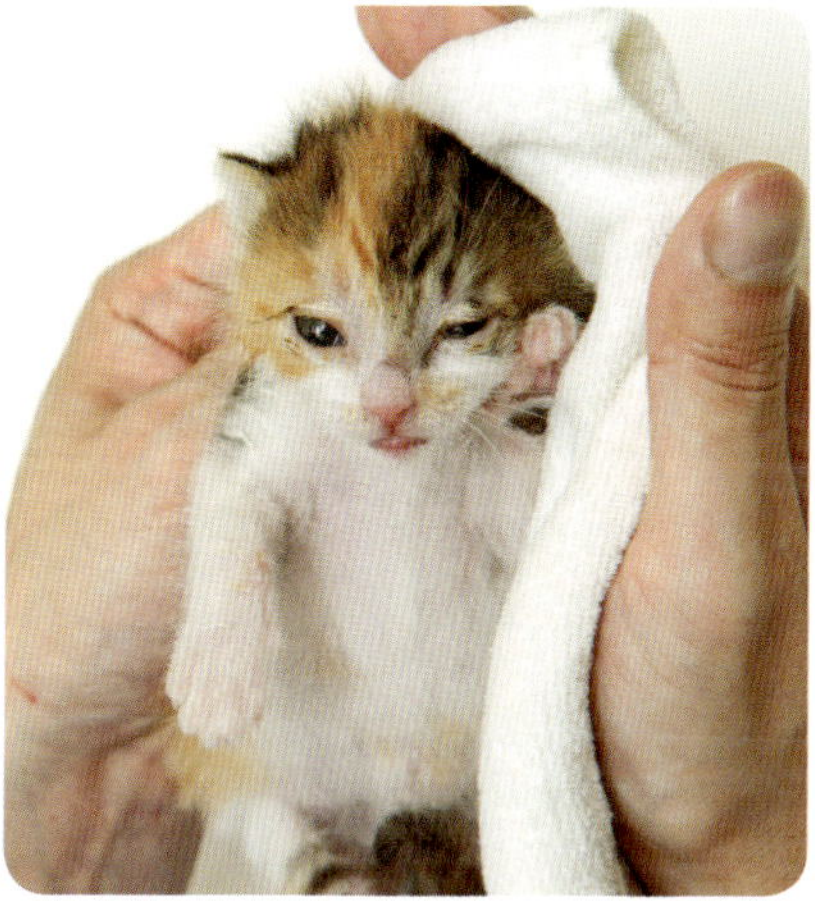

体をきれいなタオルで拭く

外にいた猫は体がぬれている場合も多いため、保護したらできるだけ早く、やわらかくてきれいなタオルで拭いてあげましょう。

汚れていても水で洗ってはダメ!

保護した猫が汚れていても水で洗ってはいけません。とくに体温調節が自分でできない赤ちゃん猫は、洗って体温を下げてしまうと危険です。すぐに動物病院に連れて行き、処置をしてもらったほうが安心です。

必要なものを用意して猫のようすに気を配る

緊急で保護した場合は、事前に必要なものを準備することができません。動物病院から帰ったら、最低限必要なごはんとトイレ砂だけはすぐに用意します。また、猫のようすに気を配り、少しでも異変があったらすぐに病院へ連れて行きましょう。

赤ちゃん猫に必要なアイテム ➡ 26ページ

猫の体温に気をつけながら動物病院へ

赤ちゃん猫を保護したら、すぐに病院へ。その際、猫の体温には十分に気を配りましょう。保護した時期が冬なら、湯たんぽやペットボトルにお湯を入れたものをタオルで包み、保温剤にします。夏なら、熱中症に気をつけてください。高温になる車の中などに放置すると、体力のない子猫はすぐに弱ってしまいます。

まずは病院で診察を受けて!

すでに家で猫を飼っている方は、保護した猫と自宅の猫を会わせるのは病院へ行ったあとにしましょう。外にいた猫は猫風邪にかかっていたり、ノミやダニが寄生している可能性が高く、病院で診察を受ける前に会わせると自宅の猫にもうつってしまいます。また、感染して発病したら治療法がない「猫白血病ウイルス感染症」や「猫免疫不全ウイルス感染症」の血液検査も、会わせる前にしておく必要があります。

体調を崩しやすいから
よく見ててね!

赤ちゃん猫
Baby cat

動物病院で診てもらいたいこと

少しでも気になることがあったら動物病院で相談を

動物病院では、出生日の推定、ノミなど寄生虫の駆除、血液検査などをしてもらい、現在の猫の健康状態を把握しましょう。その猫の週齢や健康状態によって、食べるものやお世話が変化するため、獣医さんに詳しく指導してもらう必要があります。とくに食事について聞いておくことは重要です。赤ちゃん猫は体の中にエネルギーをためておくことができないため、短時間の絶食でも低血糖症になる危険があるからです。

また、自宅に帰ったあとに猫のようすを観察していて、元気がない、食欲がないなど少しでも不安に感じることがあったら、すぐに病院で診てもらってください。

出生日の測定

出生日を推定し、猫に適したお世話を聞きましょう。出生日は、歯が生えているかなどの成長段階からおおよそわかるほか、体重からも推定できます。生まれたばかりの子猫の体重は平均80～120g。生後1か月ごろまでは毎日約10gずつ体重が増えるため、現在の体重をはかって推定します。

健康状態の確認

外にいた猫の場合はとくに、猫伝染性鼻気管炎やカリシウイルス感染症といった猫風邪にかかっている可能性があります。鼻が詰まっていると食欲にも影響するため、猫がしっかり食べているか確認を。そのほか、現在の栄養状態や下痢をしていないかなども診てもらいましょう。

病院で、これからのお世話のアドバイスを聞こう

猫に適した給餌量

赤ちゃん猫は、週齢によってミルクを飲ませるのか、離乳食を与えるのかなど食事の内容が大きく変わります。適した給餌量も猫の成長によって変わってくるため、獣医さんの指示を仰いで、適した食事を適量与えましょう。

ワクチン接種の時期

母猫の初乳を飲んでいない猫の場合、病気に対する抗体がなく、感染症にかかるリスクが高くなります。ワクチンで予防するにも、体が弱いとワクチン自体にもリスクがともなうため、接種時期を獣医さんと相談しましょう。

便検査

便検査では、腸内寄生虫を発見することができます。ただし、便検査での発見率は60%程度と意外に低いため、くり返し検査を行う必要があります。

猫に寄生する腸内寄生虫で多いのは母乳をとおして感染する回虫ですが、そのほか腸内寄生虫のなかには人に感染するものもあるため、早急に駆除しましょう。腸内寄生虫は、猫の体から栄養を吸収してしまうため、寄生されていると栄養不足や発育不全になったり、下痢や腸炎、貧血になるおそれもあります。

血液検査

初診時に行っておきたいのは、「猫免疫不全ウイルス感染症」と「猫白血病ウイルス感染症」の検査。これらは感染して発病すると回復が望めず、症状を軽減する対症療法での治療になります。家ですでに猫を飼っている場合は感染する危険があるため、その猫に会わせる前に必ず検査を行ってください。

また、猫がそれらのウイルスに感染してすぐの場合は、検査をしても陽性反応が出ない場合があるので、後日、再度検査をすると安心です。

ノミ・ダニの駆除

猫に寄生するノミはネコノミといって、猫の皮膚から血を吸って生きています。外にいた猫の多くは、ノミに寄生されていると思いましょう。ノミはかゆみをおよぼすだけでなく、伝染病の媒介動物でもあるので要注意です。同時に、ダニやハジラミなどの駆除も行ってください。また、駆除前に室内に猫を放していた場合、部屋の中に寄生虫が落ちている可能性があります。部屋を徹底的に掃除しないと、再度猫に寄生してしまうので注意しましょう。

病院に連れて行くときに使った容器にも、猫の体からノミが落ちている可能性があります。駆除後に家に連れて帰るときは、ノミがうつらないよう気をつけて。

初診時にかかる費用の目安

猫を飼ううえでは費用についても知っておきたいところ。ここでは、初診時にかかる費用の目安を紹介します。

- **診察料**
  500～4,000円
- **便検査**
  1,000～2,000円
- **血液検査**
  （猫免疫不全ウイルス感染症、猫白血病ウイルス感染症の検査）

  3,000～10,000円
- **ノミ・ダニの駆除**
  1,000～2,000円

赤ちゃん猫がかかりやすい病気

● 猫風邪
症状はくしゃみや鼻水など。抵抗力が弱いと死に至ることもあるので、たかが風邪と油断しないで。

● 猫汎白血球減少症
感染すると致死率が高く、高熱と激しい嘔吐、下痢を引き起こす病気です。

猫風邪、猫汎白血球減少症について詳しくは ➡ 171ページ

● 新生児眼炎
生後間もなくの目が開く時期に、ウイルスや細菌に感染すると起こる急性の結膜炎。

● 皮膚糸状菌症
カビの一種で、皮膚が円形に脱毛します。人に感染するおそれもあるので、要注意。

詳しくは ➡ 177ページ

赤ちゃん猫
Baby cat

必要なアイテムを用意しよう

準備期間がない場合は、最低限必要なものだけそろえて

赤ちゃん猫を育てるときにもっとも大切なのは、「食事」「排せつ」「保温」のお世話。そのため、これらのお世話で必要になる「食べ物」「トイレ」「保温箱」は一刻も早く用意したいものです。ですが、緊急に赤ちゃん猫を保護した場合など、当日すぐには用意できないケースもあるかもしれません。

ここでは、身近なもので代用するアイデアといっしょに、赤ちゃん猫に必要なアイテムを紹介します。代用する場合は、なるべく早く適したものを用意してあげましょう。ただし、ミルクや離乳食は子猫専用のものが望ましいので、すぐに動物病院などで購入してください。

赤ちゃん猫を育てるときに必要なアイテムを紹介します。全年齢共通のグッズについては、48ページ「必要なグッズを用意しよう」を参照してください。

すぐに用意したいアイテム

乳児期の食事アイテム

子猫用ミルク

成猫用や犬用などのミルクもありますが、必ず子猫用ミルクと表記されているものを用意しましょう。

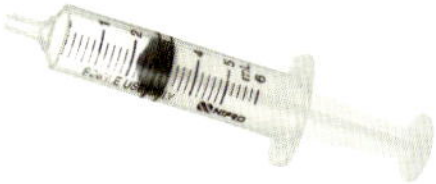

シリンジ or 哺乳瓶

ミルクを飲ませる際に使用。飲んだ量を把握するのに適しています。動物病院でもらうことができます。

ミルクの温度が下がらないよう小さい容器がおすすめ。哺乳瓶の乳首が子猫の口にあったものを選びましょう。

離乳期の食事アイテム

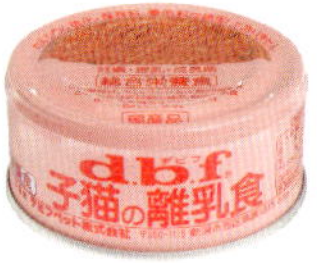

離乳食

市販されている離乳期専用のフード、または子猫用ドライフードを水やミルクでふやかしてもOK。

フード皿は底の浅い小皿でOK

猫用のフード皿がない場合は、家にある小皿を使用してもよいでしょう。ただし、子猫が食べにくくないよう、重さがあり、食べ口が広い浅めのお皿を用意してあげましょう。

お世話の基本アイテム

子猫用トイレ

子猫がまたぎやすいよう、フチの浅いトイレ容器にトイレ砂を入れましょう。食器用の水切りの受け皿などで代用するのもOK。

これならすぐ用意できる!

ダンボールでトイレを簡単制作!

用意するもの

- 浅めのダンボール
- トイレ砂
- ゴミ袋

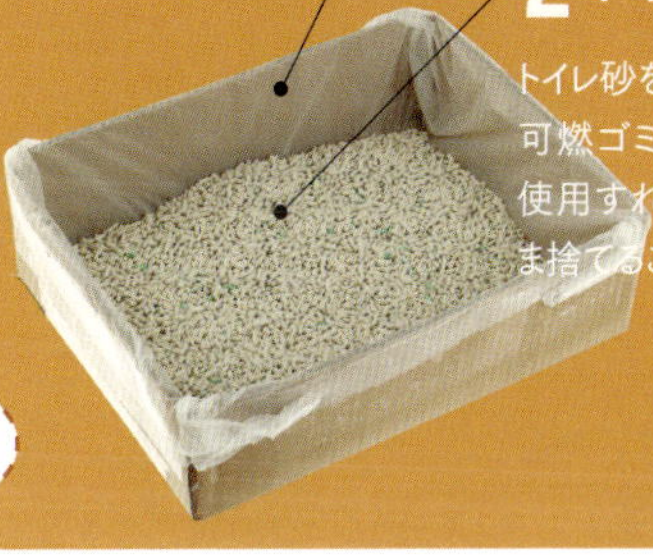

1 ゴミ袋をダンボールに敷く

猫がまたげる高さのダンボールを用意し、ビニール袋やゴミ袋を敷きます。

2 トイレ砂を入れる

トイレ砂をたっぷり入れたら完成! 可燃ゴミとして出せるトイレ砂を使用すれば、汚れたときはそのまま捨てることもできます。

キャリーバッグ

保護してすぐに病院へ連れて行くときなど、キャリーバッグが必要になります。成猫になったときを考慮して大きめのものを購入すると◎。

口がしっかり閉まるトートバッグやリュックで!

飼い主さんのトートバッグやリュックでも、キャリーバッグのかわりになります。ただし、生後3週齢ごろから子猫の動きが活発になってくるので、バッグの口がしっかり閉まるものにしましょう。バッグの底にはタオルなどを敷いて使ってください。

水容器

離乳を開始し、ミルクを飲まなくなるころから水を飲ませはじめます。フード皿と同様、家にある小皿でも代用できます。

ペット用ウェットティッシュ

排せつ後におしりを拭いてあげるときなどにあると便利です。ノンアルコールのペット用のものを用意しましょう。

保温箱

体温調節ができない赤ちゃん猫には、保温箱は必須。ダンボールに湯たんぽなどを敷いて作ります。

作り方 ➡ 29ページ

赤ちゃん猫
Baby cat

赤ちゃん猫のお世話のしかた

母猫にかわって飼い主さんが必要なお世話をしてあげよう

母猫がいない場合、本来なら母猫が子猫にするお世話を飼い主さんがすべてしてあげる必要があります。とくに離乳期前の赤ちゃん猫を育てている間は、排せつをさせたり、3時間おきにミルクを与えたりと、飼い主さんにとって休まるときがないかもしれません。赤ちゃん猫は体調を崩しやすいため、つねに気を配っておく必要もあります。ですが愛情をかけた分だけ、猫はすくすく元気に育っていきます。心身ともに健康な猫に育てるため、お世話のしかたや気をつけるポイントを学びましょう。また、飼育中に猫のようすでなにか気になることがあったら、すぐに獣医さんに相談してください。

体重測定（生後0～4週齢）

生後1か月くらいまでの子猫の体重は、毎日増加するのが普通。生後1週齢で出生時の約2倍、2週齢になると約3倍にまで増加します。そのため、生後1か月ごろまでは毎日体重をはかり、猫が健康的に育っているか判断するための目安にしましょう。

猫の体重が1kg未満のうちは、グラム単位ではかれるデジタルのキッチンスケールなどを使うと、数値が正確にわかります。

CHECK

体重をはかるときに気をつけたいこと

☐ **前日から約10g増加しているか記録する**

生後1か月ごろまでは毎日体重をはかって、前日から約10g増えているかを確認してください。2日くらい増えていなかったり、減っていたりする場合は、病気のサインかもしれません。すぐに動物病院で診察を受けましょう。また、体重の管理には育児日記をつけるのがおすすめ。その日食べたものと量、排せつの状態、体重を記録しておくと、体調に変化があったときの手がかりになります。

☐ **最初のごはん前、排せつ後など、同じ条件で毎日測定する**

はかるタイミングも体重をはかるときの大切なポイント。排せつ後なのか排せつ前なのかによっても、赤ちゃん猫の体重は変わってきます。「その日最後の食事をあげて、排せつが終わったあとにはかる」といったように、毎日同じタイミングではかりましょう。

保温（生後0〜4週齢）

生まれて間もない赤ちゃん猫は自分で体温調節ができず、生後1か月ごろからじょじょにできるようになります。本来は母猫やきょうだい猫によりそって温まっているため、人が育てる場合も同じような環境を用意してあげなければなりません。暑すぎても寒すぎても体調を崩す危険があります。温まれる場所と、暑いときに逃げられる場所を用意しましょう。

低温やけどに注意！

ヒートマットや使い捨てカイロは、低温やけどのもとになるので使用しないようにしてください。なお、湯たんぽやお湯を入れたペットボトルにも、赤ちゃん猫が直接ふれることがないよう気をつけましょう。

CHECK

保温するときに気をつけたいこと

- □ **お湯の温度は38℃くらい。熱すぎたり、冷たすぎたりしないように！**

  湯たんぽなどに入れるお湯の温度は、母猫の体温と同じ38℃くらいを目安にしましょう。ペットボトルのお湯は冷めやすいので、冷える前に適温のものと交換してください。

- □ **保温箱は、温度変化が少なく安全な場所に置く**

  保温箱は、温度変化が大きい窓際などには置かないように注意して。静かで安全な場所に置きましょう。

保温箱の作り方

1 湯たんぽなどをダンボールのなかに置く

ダンボールなどの底にタオルを敷いたら、その上に湯たんぽやペットボトルにお湯を入れたものを置きます。湯たんぽやペットボトルはダンボールの底全面に敷いてしまうと、猫が暑いと感じたときに逃げることができないので、保温箱の半分くらいの大きさのものを使いましょう。

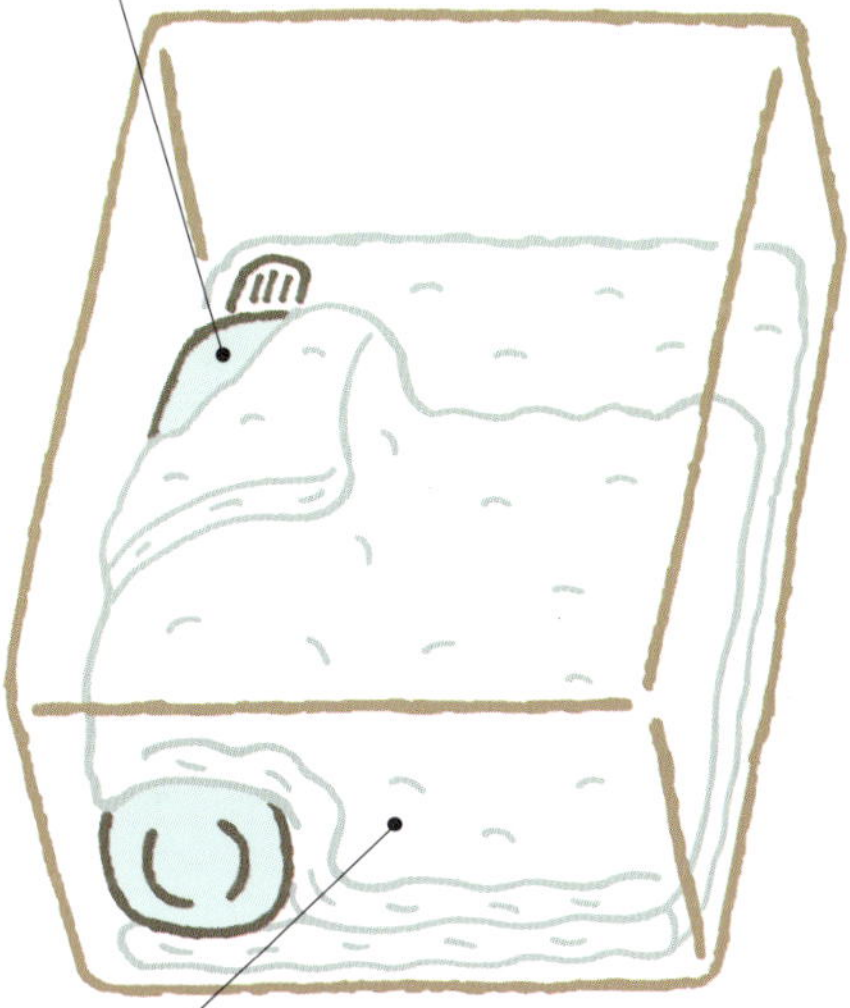

2 きれいなタオルを湯たんぽなどの上に敷く

猫が直接湯たんぽやペットボトルにふれないように、それらの上に清潔でやわらかいタオルや毛布などをかけたら完成です。

人工授乳（生後0～4週齢）

赤ちゃん猫は、生後4～8週齢ごろまで母猫の母乳を飲んで育ちます。飼い主さんが育てる場合は、市販されている子猫用のミルクを与えましょう。与える量や回数は赤ちゃん猫の週齢によって異なりますが、生まれたての赤ちゃん猫には3～4時間おきに哺乳瓶やシリンジでミルクを与える必要があります。

ミルクの作り方

ミルクの濃度は、パッケージを参考にしましょう。ただし、濃すぎると下痢や便秘の原因になります。最初は少し薄めに作り、じょじょに規定の濃さにしていくとよいでしょう。温度は、母乳の温度に近い38℃くらいに温めて与えてください。熱すぎると飲めませんし、冷たいと飲みつきが悪くなります。

また、粉ミルクは作り置きをせず、授乳するたびに新しく作りましょう。授乳のつど、哺乳瓶やシリンジもきれいに洗う必要があります。

哺乳瓶を用意するときのPoint

- 哺乳瓶の乳首の大きさは、子猫が口に含んで吸える大きさのものを。短いと先端しか口に含むことができず、じょうずに吸うことができません。
- 乳首の穴の大きさにも注意。小さすぎると子猫がせっかく一生懸命吸っていてもミルクが出てこず、体力を消耗してしまいます。
- 哺乳瓶の大きさは、大きすぎるとミルクが冷えやすいため、小さめの容器を選びましょう。

おすすめの哺乳瓶

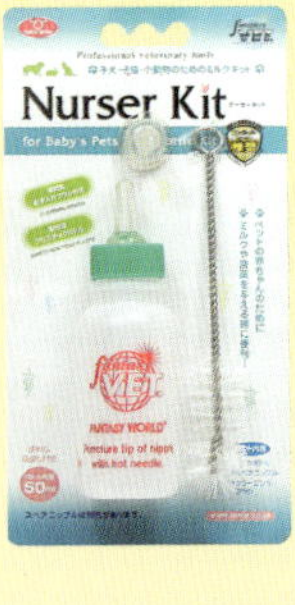

ナーサーキット 50mℓ

目盛つきの子猫の哺乳に最適なミルクボトルキット。お掃除に便利なお手入れブラシつき。スペアの乳首も1個セットされています。／I

＊商品のお問い合わせ先は巻末をご覧ください。

ミルクの選び方

授乳期の子猫は、ミルクから1日に必要な栄養を100％摂取しなければなりません。そのため、栄養価が高く、成分表記がしっかり書いてあるものを選びましょう。週齢や体重によって必要なカロリー数は変動するため、調整が可能な粉ミルクがおすすめです。市販されている粉ミルクには、子犬用のものもあるので、必ず子猫用ミルクを。また、牛乳は猫が消化しにくい成分が含まれているものもあり下痢の原因になるので、与えないようにしましょう。

猫の母乳の成分表

成分	牛乳	猫の母乳
たんぱく質	27％	44％
脂肪	31％	26％

母猫の母乳は、低脂肪・高たんぱくで、赤ちゃん猫に必要な栄養素がしっかり含まれた完璧な栄養食です。ミルクを選ぶときは、母乳に近い成分でつくられた子猫専用のものを与えてください。また、出産後24時間以内に出る母猫の初乳には、ウイルスや細菌などが原因になる感染症に対する抗体も含まれており、子猫を病気から守ってくれます。

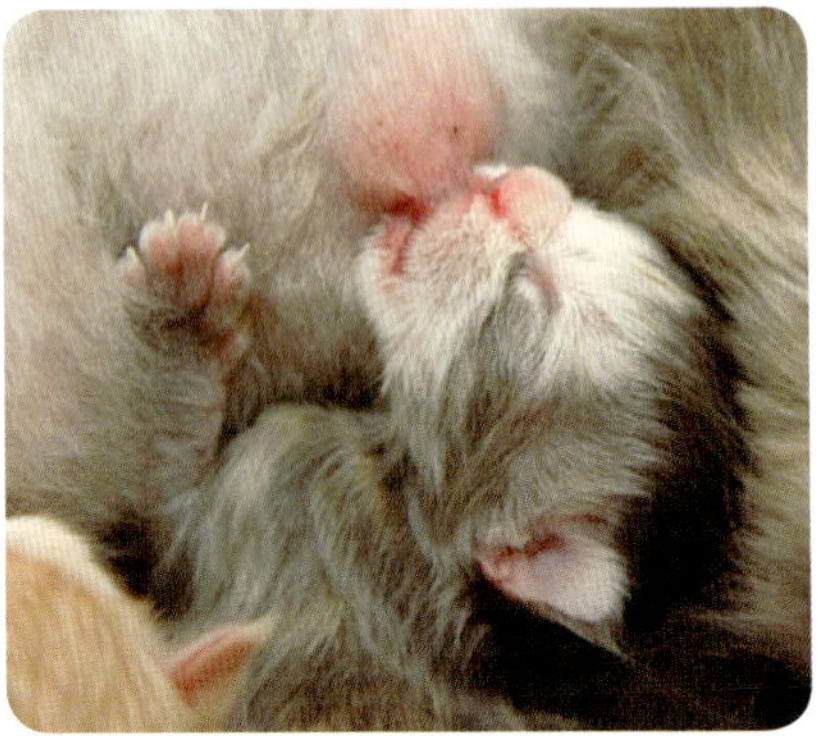

ミルクの与え方

授乳の姿勢は、横になった母猫の乳首に吸いついている情景をイメージしてください。人間の赤ちゃんのようにあお向けにしてあげるのは、猫にとって自然な姿勢ではなく、ミルクが気管に入る原因にもなります。猫を腹ばいにして、少し頭を上に傾けて授乳するとよいでしょう。

また、ミルクを飲まない場合、「おなかが空けばそのうち飲むだろう」と待っていてはいけません。赤ちゃん猫はこまめにミルクを与えないと低血糖症を起こしてしまいます。すぐに病院で診察を受けてください。

ミルクを飲むとむせたり吐き出してしまう場合

鼻からミルクが出たり、飲むとむせて吐き出してしまう場合は、哺乳瓶の乳首の穴が大きすぎるのかもしれません。新しい乳首に交換しましょう。また、口の中に乳首を深く入れすぎても、喉が刺激され吐いてしまうことがあります。浅く入れすぎてもミルクを吸い出せないため、口に含ませる長さには気をつけて。赤ちゃん猫が舌で吸いつける長さを含ませましょう。

自分で吸いつく力がない子の場合は、哺乳瓶ではなくシリンジで与えます。数滴ずつ舌に垂らすように飲ませましょう。無理に流しこむと気管に入って肺炎になる危険があるので要注意。

猫を腹ばいに固定し、頭をやや上に傾けて飲ませる

母猫の乳首に吸いつく姿勢をイメージし、おなかを下にして飲ませます。飲み終わったら、口のまわりについたミルクを拭きとってあげましょう。

ここも知りたい!

1日に飲むミルクの量の目安を教えて!

赤ちゃん猫は、生後日齢や体重、その猫の健康状態によってミルクの適量が変わってきます。ここに紹介するのはあくまでも目安。1日に飲むミルク量は、獣医さんと相談して決めるのがいちばんです。また、1回の授乳で適量を飲まないときは、そのときに無理に飲ませようとせず、少し時間をおいて再び飲ませましょう。授乳回数が増えるのは問題ありませんが、1日に飲むミルクの量が減ってはいけません。

生後日齢	1回に与えるミルクの量	1日に与えるミルクの量	1日に与える回数
1～10日	5～8㎖	40～80㎖	8回
11～20日	8～12㎖	60～80㎖	8回
21～30日	10～20㎖	80～100㎖	6回

離乳食（生後4～8週齢）

子猫が成長してきたら、ミルクだけでは1日に必要な栄養を摂取することが難しくなります。そのため、母猫は子猫が生後1か月くらいになると離乳を促しはじめ、獲物の捕り方などを教えるようになります。人が育てる場合も、成長にあわせて離乳食に切りかえなければいけません。基本的には門歯と犬歯が生えたら離乳を開始することができます。

離乳食の選び方

離乳食は、市販されている離乳期用の総合栄養食、または子猫用のドライフードを水やミルクでふやかしたものを与えてください。総合栄養食とは、猫に必要な栄養素がバランスよく調整されたフードのこと。子猫用ドライフードを使用する場合も、必ず「総合栄養食」と表記されているものを選びましょう。ふやかすときに使うミルクも、必ず子猫用ミルクを使ってください。また、猫はこの時期に食べた物を「食べ物」として認識します。偏食にしないためには、この時期にいろいろなフードを食べさせるのがおすすめです。ドライフードやウェットフード、肉や魚のエキスが入った総合栄養食を与えて、慣れさせましょう。

猫の食事について ➡ 50ページ

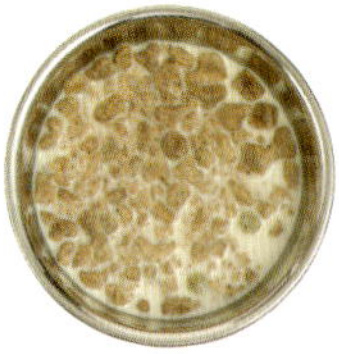

子猫用ドライフードをふやかしたもの

子猫用と表記されているドライフードを使用して。水か子猫用ミルクでふやかしましょう。

市販の離乳期専用フード

市販の離乳期専用フードはやわらかいペースト状になっているため、消化吸収を助けます。

ここも知りたい!

離乳食を食べてくれない子はどうしたらいい?

まずは今まで飲んでいた子猫用ミルクと離乳食を混ぜて、慣れ親しんだミルク味の離乳食を作ります。それを指につけて子猫の口もとまで持っていき、なめさせましょう。それでも食べない場合は要注意です。「おなかが空けばいつか食べるだろう」と思って放っておくと、低血糖状態になり衰弱してしまいます。液状にした離乳食をシリンジなどで口に入れてあげる必要がありますが、この処置は難しいので、動物病院で教えてもらいましょう。

ウンチのようすを見ながら少しずつ切りかえよう

離乳食に切りかえるときは、ウンチの状態をよく見ながら行ってください。離乳開始日は、離乳食を少量あげるだけにとどめます。猫がもっと欲しがっても、赤ちゃん猫の胃腸は固形物に慣れていないため、ウンチのようすを確認してからにしましょう。

猫が下痢などをしていないようなら、翌日はさらにもう少し与えて、3～4日かけて適量まで増やしましょう。それ以降は、自分からガツガツ食べるようなら、離乳食をお皿に盛って与えてください。

最初は食べるのが下手なので、食後は顔のまわりを拭いてあげて!

これまで吸いついてミルクを飲んでいたのが、下に置いてあるものを舌でなめとって食べる離乳食に切りかわります。そのため、自分でお皿から食べられるようになっても、最初は食べるのが下手で口から出てしまったり、お皿に足をつっこんだりすることも。食後は顔のまわりや汚れた体を拭いて、清潔にしてあげてください。

離乳食の与え方

離乳食へは、固形物に慣れていない猫の胃に負担をかけないようじょじょに切りかえていきましょう。最初はミルクや水を多めに混ぜて作り、少しずつフードの割合を増やしていきます。離乳食に切りかえるとミルクよりも腹もちがよくなるため、与える回数は授乳期よりも少なくなります。最低限与えたい量は子猫の体重などによって変わるため、獣医さんと相談を。

また、与えはじめは自分で食べることができないかもしれません。スプーンなどで離乳食を猫の鼻先まで持っていき、食べ物だということを認識させましょう。

離乳食をスプーンで鼻先まで持っていき、なめさせる

最初は飼い主さんがスプーンで食べさせましょう。自分から食べるようなら、問題ありません。食べ終わったら口のまわりを拭いてあげて。

離乳食への切りかえ方

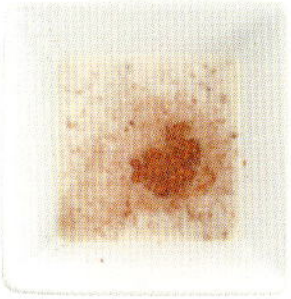

Step 1 離乳開始～3日目は 1日に4～5回

最初は、ミルクを多めに。離乳期用フードや子猫用ドライフードとミルクを混ぜ、とろとろになったものを与えます。

Step 2 4～7日目は 1日に4～5回

次は、ミルクと離乳期用フードまたは子猫用ドライフードの割合を半々くらいにして混ぜたものを与えます。

Step 3 8日目以降は 1日に3～4回

最終的には離乳期用フードまたは子猫用ドライフードをふやかしたものに。ミルクを数滴かけてあげるのがおすすめ。

排せつ（生後0～2週齢）

赤ちゃん猫は生後3週齢ごろまで自分で排せつすることができません。そのため母猫は、子猫の肛門や陰部をなめて排せつを促します。飼い主さんが行う場合は、ぬるま湯でぬらしたティッシュやコットンなどで肛門周辺を刺激して排せつを促しましょう。母猫がなめて刺激しているイメージで、優しく行ってください。

ミルクを与える前にも排せつをさせよう

赤ちゃん猫は、オシッコを1日に何度もします。膀胱がオシッコでパンパンになっているとミルクをたくさん飲めないため、排せつは、授乳後だけではなく、授乳前にもさせてあげる必要があります。

母猫がなめるように
優しく刺激して！

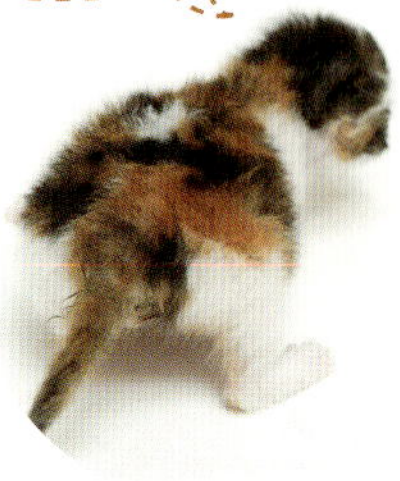

1 肛門周辺を軽く刺激する

ぬるま湯でぬらしたティッシュやコットンで肛門周辺を軽くたたくように刺激します。

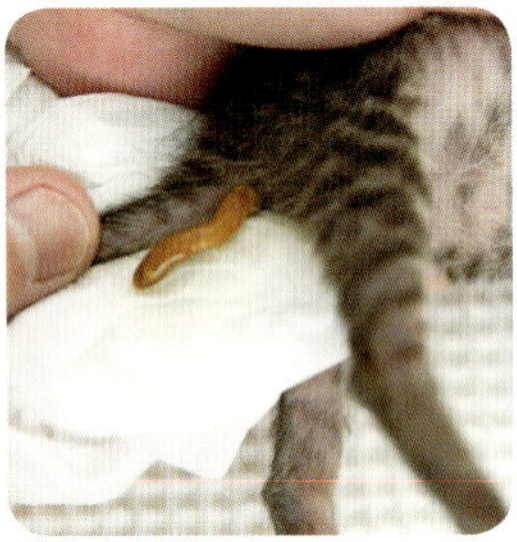

2 排せつ物を優しく拭きとる

排せつ物を拭きとります。1回に飲むミルク量が少ないため、排せつ量は多くありません。

ここも知りたい！

下痢になったらどうしたらいい？

赤ちゃん猫は成猫とくらべると少し軟らかいウンチをしますが、それをふまえて下痢をするときは、下記のような原因が考えられます。ミルクの作り方が問題ないときは病気が疑われるので、すぐに病院へ。

- **ミルクのあげ方が悪い**
  ミルクが冷たかったり濃度が濃いと、下痢を起こすことがあります。ミルクの作り方を見直してみましょう。
- **腸内寄生虫や感染症**
  回虫やコクシジウム、トリコモナスなどの腸内寄生虫がいる、猫汎白血球減少症やコロナウイルス感染症などのウイルス性の感染症にかかっているなどの可能性が。すぐに病院で診てもらいましょう。

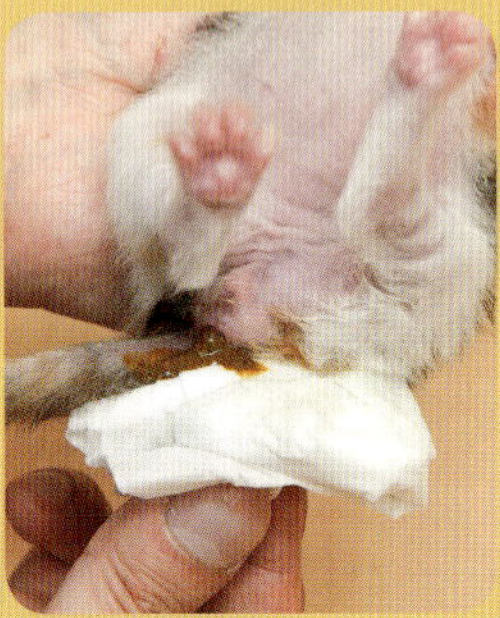

母猫がわりのスキンシップ（生後0週齢～）

母猫は、子猫の体をなめることで全身を清潔にし、血行をよくしています。人が育てる場合も、指の腹で優しく赤ちゃん猫をなでて血液の循環を促してあげましょう。猫も母猫になめられている感覚になり安心するはずです。また、接し方として気をつけたいのは、抱っこのしかた。母猫が子猫の首をくわえてもち上げることがありますが、これは緊急時に移動するための手段です。人が抱くときは、正しい抱き方をして苦痛を与えないようにしましょう。

抱っこのしかた ➡ 146ページ

2週齢ごろから、多くの人やもの、動物に慣らそう

生後2週齢から9週齢ごろまでの時期を「社会化期」といいます。猫は、この時期に接した人や動物に対して、警戒心をとき親しみをもつようになるといわれています。逆にこの時期を逃したら、猫は新しいことを受け入れるのが難しくなります。

飼い主さんだけではなく、老若男女多くの人とふれあわせましょう。すると、成猫になってからも人が好きな猫になるはずです。そのほか、犬や掃除機の音といったさまざまなものや動物も体験させ、社会経験を積ませてください。

遊び（生後3週齢～）

赤ちゃん猫にとって、遊びはとても大切な役割があります。母猫やきょうだい猫がいる場合は、じゃれながら狩りの欲求を満たし猫社会のルールを覚えていきますが、幼いうちに母猫やきょうだい猫と離れ刺激が少ないまま育った猫は、物事に無関心になってしまうかもしれません。そうならないためにも、飼い主さんが遊び相手になり、猫の欲求を満たしてあげましょう。

遊び方 ➡ 136ページ

赤ちゃん猫
Baby cat

赤ちゃん猫Q&A

保護の疑問

Q 保護した猫がミルクを飲んでくれない

A 保護したあと、ミルクを飲んでくれない、元気がないなどといった場合は、すぐに動物病院へ連れて行きましょう。

赤ちゃん猫が半日以上なにも口にしないということは、人間に置きかえると数日絶食しているのと同じことで、命にかかわる危険があります。

Q 親猫がいる場合も保護したほうがいい？

A 赤ちゃん猫のみを保護することを考えているなら、親猫が十分に育児をしている場合は保護しないほうがよいかもしれません。なぜなら、人が母猫にかわり赤ちゃん猫を成猫まで育てるのは想像以上に難しく、人が保護したことによって亡くなってしまうこともあるからです。なにより、母猫にとっていきなりわが子を連れて行かれるのは悲しいことです。

通常、母猫が数時間も赤ちゃん猫を放っておくことはありえません。母猫が赤ちゃん猫を迎えに来ないようなら、ケガをして動けないなど、母猫が育児をできない状況なのかもしれません。そのような場合には、保護を考えてください。

ただし、赤ちゃん猫のお世話には時間も労力も必要です。自分が責任をもって育児に時間を割くことができるのか考えてから保護するようにしてください。

Q 保護したい子猫がいるが、なかなか捕まえられない

A のら猫のなかには人に甘えてくる猫もいれば、警戒して近よって来ない猫もいます。警戒心の強い猫を捕まえるのは非常に困難。猫の運動神経は人間よりもはるかに高いので追いかけて捕まえることは難しいでしょう。また無理に捕まえようとすると猫も人もケガをする可能性があります。動物病院などで捕獲器を借り、試してみるとよいかもしれません。

先輩飼い主さんからのアドバイス

猫がいる場所に足しげく通いました！

うちの猫は捕獲するまで3週間ほどかかりました。当時生後2か月くらいで、近よると路地の奥に逃げてしまう状態。そこで、ごはんをもって朝夕その路地に通うことにしました。2週間ほどで人が近くにいても食べるようになり、さらに4〜5日後にはさわれるように。そこでキャリーバッグを持って行き捕獲。今ではとっても甘えん坊です。

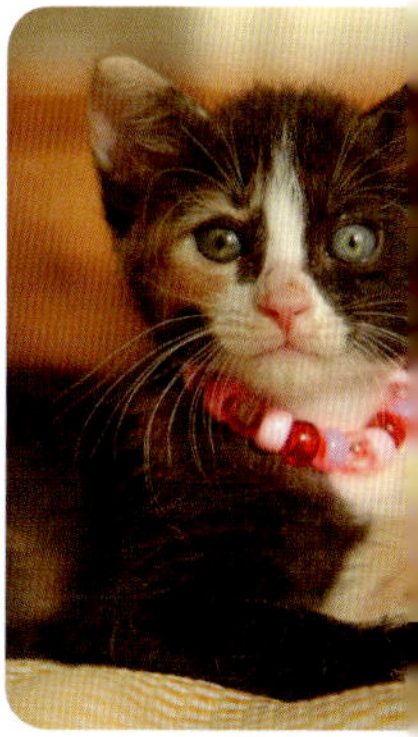
新しい飼い主さんから定期的に猫のようすを報告してもらうと安心！

Q 里親はどうやって探せばいいの？

A 知人をあたる、インターネットの里親募集掲示板を利用する、動物病院にポスターを貼らせてもらうなどの方法があります。どの方法でも共通していえるのは、猫の幸せは飼い主さんにかかっているということです。そのため、里親になる人とは直接会って信用がおける人かどうか判断することをおすすめします。猫とのお見あい日を設けたり、猫を引き渡す際はあなたが先方の家までお届けをするとよいでしょう。

　また、先住猫がいる場合はとくに、猫と猫の相性を試すお試し期間を設けてあげるとより親切です。

Q 拾った子猫が猫エイズにかかっている場合は……

A 猫免疫不全ウイルス感染症（猫エイズ）は一度感染すると完治することがない非常にやっかいな病気です。ただし発症しなければ健康にすごすことができるので、感染していたからといって悲観してはいけません。

　猫エイズはストレスが引き金になり発症することがあるため、飼ううえではストレスを与えない生活が重要になります。

　ただし、先住猫がいる場合はさらに注意が必要。先住猫に感染しないよう気をつけなければいけません。猫エイズは、基本的にはケンカなどによるかみ傷から感染するウイルスですが、猫どうしの過剰なグルーミングなど唾液を介した感染も報告されています。先住猫への感染を防ぐには、接触させないことがいちばんです。また、現在では猫エイズのワクチンも開発されているので、ワクチン接種をして感染を予防するのもひとつの方法です。しかしワクチンを接種しても100％感染を防げるとはいい切れないため、有効性、安全性については動物病院で相談してください。

　最後に、猫白血病ウイルス感染症に関しても猫エイズと同じことがいえます。猫白血病ウイルスは、猫エイズウイルスよりも感染力が高く、同じ食器でごはんを食べるだけでも感染します。感染している猫と同居する場合は、完全に接触させない、ワクチン接種をするといった方法で予防しましょう。

ほかの猫への感染を防ぐためにも、室内飼いを徹底しましょう。

Q 保護した直後に猫が亡くなってしまったら？

A 赤ちゃん猫は非常に弱い生き物です。悲しいことですが、人が保護したときには手遅れでそのまま亡くなってしまうケースも多々あります。ペットの埋葬方法としては、「自宅で埋葬する」「自治体で火葬してもらう」「ペット霊園で弔う」という方法が一般的ですので、納得できる方法で弔ってあげてください（186ページ参照）。ただし、感染症で亡くなった場合は衛生上の問題があるため、ペット霊園や自治体にお願いして火葬をしてください。

道で亡くなっている猫を見つけたら……

自治体に連絡し、引きとりをお願いしてください。ただし見つけた場所により、区道や市道なら役所の土木課、国道なら国土交通省各国道事務所、都道府県道や所有地なら各自治体の清掃事務所などと管轄が異なります。わからない場合は、地域の清掃局に連絡をしましょう。

Q 先住猫がいるけど、子猫を保護して大丈夫？

A 保護した場合は、先住猫に会わせる前に動物病院で診察を受けることが大切です。まずは病院で、ノミの駆除や腸内寄生虫を調べるための便検査などをしてもらいましょう（23ページ参照）。感染症などにかかっている場合は、ケージや別室で飼うなどの対応が必要になります。

また、猫免疫不全ウイルス感染症（猫エイズ）、猫白血病ウイルス感染症、猫風邪など、感染力が強い病気はいろいろありますが、いちばんうつりやすい感染症は「猫汎白血球減少症」です。この病気は、猫どうしが直接ふれあわなくても、飼い主さんの手や衣服をとおして感染します。飼い主さんがウイルスを媒介しないよう注意してください。

保護した子猫が健康な場合でも、先住猫にいきなり会わせるのはおすすめできません。先住猫が子猫を攻撃しケガをさせてしまう場合もあります。まずは、キャリーバッグに入れて対面させ、じょじょに慣れさせていきましょう。

対面のさせ方 ⇒ 88ページ

ケージがある場合は、新入り猫をしばらくケージの中で飼い、お互いの存在に慣れてもらうのがよいでしょう。

育児の疑問

Q 赤ちゃん猫を育てる場合、ケージは必要？

A 猫がまだ小さいうちはケージがあったほうが便利かもしれません。

生後間もない赤ちゃん猫の場合、生活スペースは保温箱の中で事足ります（29ページ参照）。ですがもう少し大きくなると、動きも活発になってきます。目を離したすきにせまい場所に入りこむこともあるので、とくに飼い主さんが留守にするときは、猫ベッドや水、トイレなどを置いたスペースを囲い、その中で生活させるほうが安心です。ジャンプができないうちは、30㎝くらいの高さのダンボールで囲うだけで十分ですが、ジャンプができるようになったらケージがあったほうが便利でしょう。

Q ひとり暮らしで赤ちゃん猫を飼っても平気？

A 授乳期・離乳期の赤ちゃん猫は、頻繁に給餌する、排せつの手伝いをするなど、1日中お世話をしなければなりません。ひとり暮らしだからダメというわけではなく、お世話ができる人がいない場合は、赤ちゃん猫を育てることは難しいのです。その猫の成長段階によりますが、生後3か月ごろになれば子猫用フードを食べられるようになるので、その時期以降の猫が望ましいでしょう。

先輩飼い主さんからのアドバイス

生後2か月の猫を1か月後にゆずり受けました

わが家は日中留守がちなので赤ちゃん猫だと少し不安だと思い、ドライフードを食べられるようになるまで保護した方に飼ってもらうことにしました。実際にゆずり受けるまでの約1か月間は準備期間にもなりましたし、2回目のワクチン接種を機会にゆずり受けたので、病気になる前に獣医さんにかかることができました。

Q 子猫が肥満気味に……。食事制限をするべき？

A 1才未満の猫でも、運動不足の場合や避妊・去勢手術を受けたあとは太りやすい体質になるので、ダイエットを。食欲旺盛な時期なので食事量を減らすよりも、カロリーが低いフードにかえてカロリー量を調節したほうがいいでしょう。

ただし、6か月未満で避妊・去勢手術をしていない子猫の場合は、食事制限はするべきではありません。この時期は、内臓や筋肉が急速に発達する大切な時期です。過度な食事制限は発育障害の原因となってしまいます。

Q 引きとった子猫の食欲が急になくなりました……

A 食欲が低下してしまうのには、さまざまな原因が考えられます。環境が変わったことによるストレス、体のどこかに痛みがある、猫風邪や寄生虫に感染している、発熱している、口の中が痛くて食べられない、異物を食べてしまって気持ちが悪い、フードの嗜好性が悪い、肝臓や腎臓などの内臓に病気がかくれている……対処法は原因によって変わります。

成猫にくらべて子猫は体調が急変することが多く、あと1日ようすを見ようと待っていると手遅れになる危険があります。気になる症状があればすぐに病院へ連絡してください。

どれくらい食べたか毎日記録しましょう。

Q 人の赤ちゃんみたいに授乳後はゲップが必要？

A 授乳後にゲップをさせることは必ずしも必要ではありません。ただ、まだ飲むのに慣れていなかったり、哺乳瓶の乳首の大きさがあっていなかったりしてじょうずにミルクを飲めない赤ちゃん猫は、ミルクといっしょに空気をたくさん飲みこんでしまうことがあります。その場合は、背中をさすってゲップを促してあげるとよいでしょう。人間の赤ちゃんのように抱っこをして背中をたたくのは、かえって危険なのでしないでください。

Q 離乳期中の子猫は、水を飲ませる必要があるの？

A ミルクだけ飲んでいてまだ離乳食を食べていない場合は、水は必要ありません。離乳食をはじめたころから少しずつ水を飲むようになるため、水を入れた容器もいっしょに用意してあげましょう。

Q 赤ちゃん猫が便秘をしたときの対処法を教えて！

A 赤ちゃん猫の便秘は、比較的多い症状です。本来、赤ちゃん猫は母猫がおしりをなめることで便意をもよおしますが、それを飼い主さんがかわりに行う場合、慣れていないとじょうずに排せつさせることができません。飼い主さんが無理にがんばろうとすると、おしりがすれて猫に痛い思いをさせてしまうこともあります。動物病院でかわりに行ってもらいましょう。場合によっては浣腸が必要になることもあるので、食欲がしっかりあるのに1日排便していないときは、動物病院で相談してください。

さらに、便秘には病気が原因の場合もあります。大変まれな病気ですが、肛門や腸の形成不全。これは直腸から肛門までがうまく形成されていない病気です。生まれてから一度も排せつしていない場合は、すぐに病院で診察を受けましょう。

Q 子猫は母猫からはぐれてしまったりしないの？

A 生後1週間ほどの赤ちゃん猫は、母猫のそばを離れません。しかし、体が成長してくると、動いているうちに母猫の近くから離れてしまうことがあります。そんなとき赤ちゃん猫ははって母猫を探しますが、どうしても戻れない場合、「ニャーニャー」と高い声で鳴いて母猫を呼びます。そうすると、子猫がそばにいないことに気づいた母猫がやってきて、子猫をくわえて自分のすみかへ戻るのです。

子猫が自力で母猫のもとに戻る方法

母猫から離れてしまった赤ちゃん猫は、旋回運動をして母猫のそばまで戻ります。まだ歩けないので、体をはって前に進もうとしますが、そのとき片足だけを前に出し、その足を軸にして円を描くように進むのです。この方法で大抵は母猫のもとまで帰ることができます。それでも帰れないときは、高い声で鳴いて母猫を呼びます。

Q 猫の子育ては、オスも協力するの？

A 野生では、基本的に子育てはメスの役割。オスは決まったメスといっしょに暮らしたり、子育てに協力したりすることはありません。オスは交尾を終えたら、さっさとほかのメスを求めて去っていくのです。しかし、メスどうしが協力して子育てをする場合はあります。とくに血縁関係があるメス猫が同時期に子猫を産むと、お互いに母乳を飲ませあったり、おしりをなめてあげたり、生まれたばかりの子のへその緒をかみ切ってあげることもあるそうです。

Q 母猫はどうやって子猫に狩りを教えるの？

A 子猫が活発に動きまわれる時期まで成長すると、母猫が子猫に狩りのしかたを教えます。まずは母猫が死んだ獲物を子猫の前にもって来て、食べることを学ばせます。次に、生きた獲物を捕まえて来て、食べるためには殺さなければいけないことを教えます。また、犬や人間など自分が敵わない相手を目の前にしたとき、母猫は「フー、シャー」と威嚇して相手をよせつけないようにしますが、このとき子猫がその場から逃げないとパンチをして、力ずくで逃げるように教えることもあるといいます。

最初はしっぽにじゃれさせて、動くものに素早く反応することを教えます。

瀕死のところを保護しました

子猫育児体験

うちの猫の場合

こまくん
（2才）

**自宅の前で弱っている子猫を保護し、
本書の監修者・服部先生のもとへ駆けこんだのが今から2年前。
先生と二人三脚で育児をした結果、とっても元気な猫に育ちました。**

保護されたばかりのこまくん

雨の夜、家の前で鳴いているところを発見。猫を飼いたいと思っていた矢先の出来事だったそう。運命的な出会いでした。

飼いはじめの2週間は威嚇していたこまくんも、今では娘のさわちゃんとも大の仲よしに！

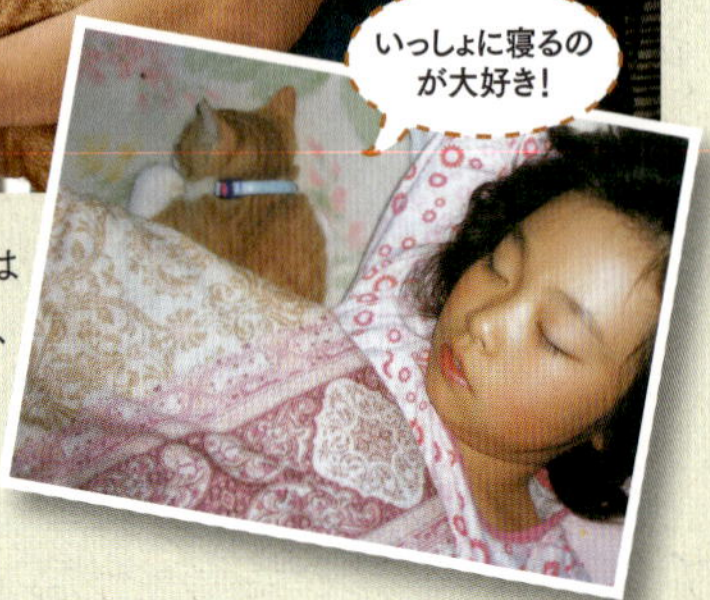
いっしょに寝るのが大好き！

こまくんの性格は怖がりで人見知り。でも、飼い主さんにだけは甘えん坊だそう。

わからないことがあるとすぐ先生に相談して育てました

「2年前、家の前にいるこまを発見したんです」と話す伊東さん。顔は目やにや鼻水で汚れ、体はガリガリだったといいます。こまくんはそのとき生後2か月くらい。体重はたった500gしかありませんでした。翌日病院に連れて行き、即入院。助かるか、助からないかという状態だったそうです。元気になって退院できたのは3日後。そこからご家族での育児がはじまったわけですが、伊東さんはとくに大変とは感じなかったといいます。「最初はごはんをあげても吐き出してしまったり、家族に威嚇したりもしましたが、とにかくわからないことは全部先生に聞いていました」。最初の入院以降、こまくんは大きな病気もせず、すくすく元気に育ち、今では体重5・5kg。「あんなにガリガリだったのに今ではちょっと肥満気味で、先生からダイエット指導を受けています」と話すご家族の顔は、幸せいっぱいです。

CHAPTER

2

子猫からの基本的なお世話

猫と飼い主さん、お互いが快適に暮らすコツは、
猫の目線で考えること！　猫を迎えるための準備や、
食事、トイレ、爪とぎなど、猫を飼うときの
基本的なお世話のしかたを解説します。

出会い
Encounter

子猫を迎えよう

「猫を飼う」ということの責任をよく考える

かわいい子猫を目にすると衝動的に「飼いたい！」と、思うかもしれません。ですが、猫を迎えるということは、長ければ20年以上もいっしょに暮らす家族が増えるということです。最期まで責任をもって飼い続けることができるのか、もう一度よく考えてみましょう。

そのうえで猫を飼うことに決めたなら、次はどんな子がよいか考えましょう。猫にも、品種や性別、年齢によって性格に差があります。また、長毛種にするか短毛種にするかによってお手入れにかかる時間も違います。家族とよく相談して、猫と飼い主さん、お互いが無理なくつきあえる相手を選んでください。

どっちにする? 短毛種 or 毛長種

短毛種は活発で遊び好きな子が多いのが特徴。被毛のお手入れは長毛種ほど手間がかかりません。一方、長毛種はおっとりした性格の子が多く、優雅で美しい被毛が特徴ですが、それを維持するには毎日のお手入れが不可欠です。

短毛種

活発な性格の猫が多いので、たくさん遊んであげられる人向き。長毛種とくらべブラッシングや抜け毛掃除の手間は少ないです。

長毛種

おっとりした性格の猫が多く、被毛の美しさ、優雅さは長毛種ならではのもの。毎日ブラッシングが必要なので、お手入れに時間がかけられる人に向いています。

成猫を迎えるメリット

成猫を迎えるメリットのひとつは、子猫時代に必要なお世話の手間がかからないこと。きちんと手をかけて育てられた猫を迎えれば、トイレや爪とぎを教える手間が軽減されます。さらに、人になついている成猫の場合は、子猫よりも落ち着いているので、飼いやすいというのもメリットでしょう。ただし、のら猫を保護した場合などは、人と接していなかった成猫はそれだけ警戒心も強く、飼い主さんに慣れるまでに時間がかかることがあります。

どっちにする? オス or メス

個体差がありますが、猫は性別によっても性格に特徴があります。一般的に、オス猫にはやんちゃで甘えん坊の猫が多く、メス猫はおとなしくクールな猫が多いとされています。通常、成猫になればオスのほうがメスよりも大きく、がっしりとした体つきになります。

オス		メス
メスより大きく、がっしりしている	体つき	オスより小さめで、ほっそりしている
甘えん坊が多く人なつこい。やんちゃで活発	性格	クールな子が多く、人にベタベタしない。温厚
去勢手術をしていない場合、スプレー行動をすることも	発情中	避妊手術をしていない場合、大きな声で鳴く

ここも知りたい!

オスとメスの見分け方を教えて!

オスの精巣が腹腔内にある時期は、肛門から生殖器までの距離で判断します。オスのほうが距離が長いのですが、赤ちゃん猫だと判断が難しい場合も。生後2か月ごろになるとオスの睾丸がはっきりするため、ひと目でわかります。

オス

生後2か月ごろになると、精巣が腹腔内から下りてきて睾丸がふくらみはじめます。

メス

メスは、オスよりも生殖器と肛門の距離が近く、おとなになっても大きな変化はありません。ちなみに、メスの尿道は膣の奥にあります。

どっちにする? 雑種 or 純血種

純血種は、猫種によって毛色や性格などに特徴があります。「こんな猫が飼いたい」というイメージがある人は、選びやすいでしょう。ペットショップやブリーダーから購入するのが一般的です。一方、雑種の魅力は多種多様な毛色や模様! 比較的入手しやすいのも利点です。

雑種

雑種の魅力は、なんといっても個性豊かな模様。また、体も純血種より丈夫だといわれています。

純血種

純血種は、大きさや体の特徴などがある程度決まっています。また、巻き毛や無毛などその猫種独特の特徴がある品種も。

出会い
Encounter

どこから迎える？

まずはどんな猫を迎えたいかよく考えよう

猫を入手する方法はいくつかあります。ここで紹介する方法は購入、またはゆずり受ける場合ですが、もちろん自分で拾うこともあるでしょう。いずれにしても飼いはじめるときは、かわいいから、かわいそうだからといった衝動的な思いではなく、猫の一生をあずかる意味を理解し、よく考えることが大切です。ペットショップや動物病院などで、猫の飼い方について話を聞いてみるのもよいでしょう。

どんな猫を迎えたいかによって、猫との出会い方を考えましょう。

保護団体

日本各地で、不幸な猫を少しでも減らそうと、ボランティアで保護活動を行っている団体があります。雑種を飼いたいと思っている人は、このような保護団体から引きとるのもひとつの方法です。里親になるためには、「完全室内飼いにすること」「時期が来たら避妊・去勢手術をすること」といった条件を設けているところがほとんど。詳しくは各団体に問い合わせてください。

保護活動について ➡ 154ページ

保健所

各自治体の保健所にもちこまれた猫を引きとるのも、猫を入手する方法のひとつです。保健所には毎日たくさんの猫が収容され、悲しいことに多くの命が飼い主に出会えないまま失われていきます。その数は、年間で約30万匹。インターネットで里親募集中の猫の情報を公開していたり、譲渡会などをしている自治体も数多くあります。それぞれ里親になる条件も異なるため、まずは住んでいる地域の自治体に問い合わせてみましょう。

ブリーダー／ペットショップ

純血種を飼いたいけれど、どの猫がよいか迷っている人は、多くの猫種を一度に見ることができるペットショップに足を運んでみるとよいでしょう。ペットショップなら必要なグッズもその場でそろいます。一方、飼いたい猫種が決まっているならブリーダーを訪ねてみるのも手。ブリーダーは、その猫種の繁殖を専門に行っているため、より詳しく話を聞くことができます。事前に見学に行き、母猫の健康状態や飼育環境も確認しましょう。

動物病院

動物病院でも、里親募集を行っていることが。病院内で保護している場合は、獣医さんがその猫の健康状態を把握しているので、飼育相談や健康面のアドバイスをもらうとよいでしょう。

3匹の里親になりました！

インターネットの里親募集で3匹のきょうだい猫を目にしたとき、すぐに飼うことを決意したという山本さん。生後2か月の猫たちが山本さん家へやってきた初日のようすはというと……。

うちの家の場合

ゆきちゃん（2か月）
サロメちゃん（2か月）
メリ子ちゃん（2か月）

保護主さんがお届けに

3匹の保護主さんが、山本さん家に子猫をお届けに来ました。猫たちはすぐに家の探検を開始。

保護主さんから説明を受けます

真剣に説明を聞くかおりさん。猫の飼育に関する誓約書にサインをします。また、保護主さんから今まで子猫たちが食べていたフードをもらいました。

今まで食べていたフード

仲よし家族になりました！

約1週間後、かおりさんの旦那さまお手製のキャットタワーが完成。猫たちにとっては、最高の遊び場です！

猫を飼おうと思い、募集サイトをチェックしていました

「もともと里親募集で引きとろうと思い、里親募集サイトを見ていたんです。そうしたらこの子たちにひと目ぼれ！　母の日のプレゼントにと、母にだけ内緒で猫を引きとる準備を進めました。結局、途中でばれちゃいましたけど」と話すかおりさん。その隣では、お母さまがうれしそうに猫と遊んでいます。

お届け当日におじゃましたときには、準備は万端。3匹おそろいのフード皿に、トイレの容器は猫の数以上用意されていました。ご家族は、猫たちがやってくるのが楽しみで、そわそわしっぱなしだったそうです。

1か月たち、その後のようすをうかがったところ、「抱っこやお手入れもいやがりません。3匹ともすぐになついてくれて、家族みんな仲よしです！」とのこと。人にとっても猫たちにとっても、すてきなご縁だったのは間違いありません。

準備
Preparation

必要なグッズを用意しよう

最低限必要なものは猫を迎える前に用意して

猫を迎える前に、まずは必要なものを準備しましょう。キャットフードは必ずその猫に適した総合栄養食を選ぶこと。トイレは、置き場所などをあらかじめ考えておく必要があります。さらに猫ベッド、爪とぎを用意して、猫がなるべく早く新しい環境になじめるよう快適な空間をつくってあげましょう。キャリーバッグは、動物病院に行くときに必要です。どれも当日購入するのではなく、事前に用意しましょう。

じょじょにそろえたいものは、初日に間にあわなくても大丈夫ですが、お手入れや首輪は子猫のうちから慣らしたいもの。いずれ用意するのなら、なるべく早くそろえておくのがおすすめです。

飼う前にそろえたいもの

フード

環境の変化から体調を崩しやすいため、最初は今まで食べていたフードと同じものを用意しましょう。

フード皿&水容器

底が浅く、ヒゲがあたらないものを選びましょう。また、ある程度の重さがあるものがおすすめです。

容器の選び方 ➡ 52ページ

トイレ

猫がまたぎやすい大きさの容器を選びましょう。トイレ砂は、以前使っていた種類の砂を使うと猫も安心します。

トイレの種類 ➡ 59ページ

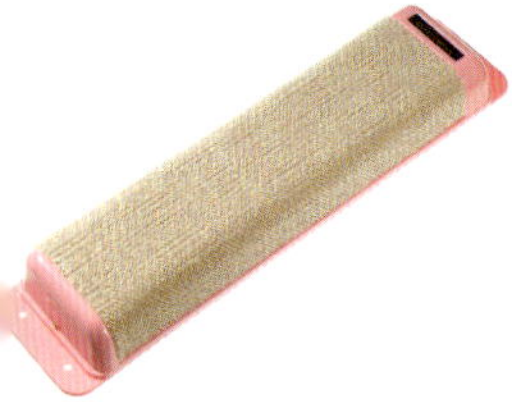

爪とぎ

爪とぎは猫の本能！　形状や素材などにより種類が豊富なので、猫が好むものを探してあげましょう。

爪とぎの種類 ➡ 62ページ

猫ベッド

初日から猫がくつろげる空間を用意してあげましょう。猫が丸くなって寝ることができるサイズがおすすめ。

キャリーバッグ

病院へ連れて行くときなどに、キャリーバッグは必須。上部と側面の両方が開くタイプが使いやすくて◎。

ここも知りたい!

猫の生活費ってどれくらいかかるの?

猫を飼うときに考えたいことは、お世話のしかただけではありません。費用だってもちろんかかります。個体差によるところが多いので、あくまでも目安ですが、あらかじめ心しておきましょう。

準備費の項目にあるグッズは、一度そろえればある程度長期間使えるので、買いかえはそれほど必要ないでしょう。逆に食費とトイレ砂代は、毎月必ずかかるものです。医療費では、定期的に受けたい予防接種や健康診断、避妊・去勢手術代の目安を紹介します。

病気や事故の医療費の目安 ➡ 189ページ

準備費

食器 ……………… 800～2,000円
トイレ容器 ……… 1,500～5,000円
爪とぎ …………… 500～5,000円
猫ベッド ……… 1,000～10,000円
キャリーバッグ … 1,000～5,000円
首輪 ……………… 500～2,000円
お手入れ用品(ブラシ、爪切り、シャンプーなど)
……………… 3,000～10,000円

毎月かかる費用

フード …………… 2,000～5,000円
トイレ砂 ………… 800～1,500円

医療費

予防接種(3種) …… 5,000～8,000円
予防接種(5種) … 7,000～12,000円
健康診断 ……… 5,000～30,000円
去勢手術(オスの場合)
……………… 10,000～25,000円
避妊手術(メスの場合)
……………… 15,000～40,000円

じょじょにそろえたいもの

お手入れ用品

ブラシ、爪切り、シャンプーなどはひととおり用意して、子猫のうちからお手入れに慣れさせましょう。

おすすめグッズ ➡ 107ページ

首輪&迷子札

万が一猫が脱走したときのため、首輪や迷子札に飼い主さんの名前や連絡先を書いておきましょう。

おもちゃカタログ ➡ 140ページ

おもちゃ

飼い主さんといっしょに遊ぶおもちゃや、ひとり遊び用のおもちゃなど種類がたくさんあります。

猫草

猫草とは、猫が食べても安全なイネ科の植物。毛玉を吐きやすくします。植物を置くときは安全なものを!

消臭スプレー

お部屋の掃除のほか、猫用トイレのにおい対策や、そそうしたときの掃除にも、あると便利です。

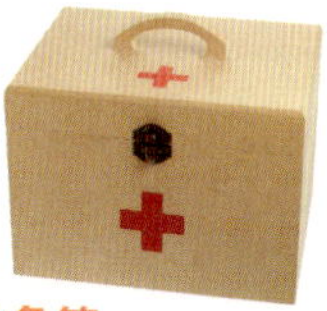

救急箱

猫のケガに備えて、止血剤やガーゼ、包帯などを用意しておくとよいでしょう。自己判断で薬を与えるのはNG。

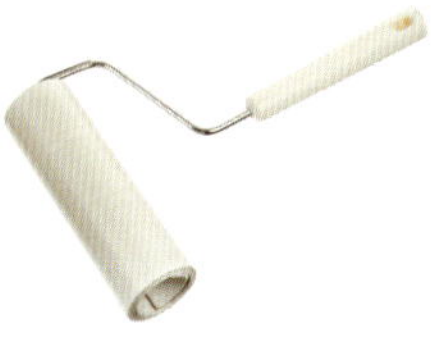

ロールクリーナー

洋服や布団についた抜け毛をとるのに便利です。とくに長毛猫の飼い主さんには、必須アイテム!

毎日の食事の選び方と与え方

人間や犬とは違う!? 猫の体にあう食事を考えよう

猫は肉食動物です。おねだりされると、つい人の食べ物をおすそわけしてあげたくなりますが、それはタブー。雑食性である人間とは体の構造が違うということを理解しましょう。

猫の体は、ねずみや魚などの肉（内臓や骨を含んだ丸ごと）を食べることで必要な栄養が補えるようにつくられています。たとえば、猫の肝臓は動物性たんぱく質を摂取することで酸を補っているので、肉を食べないと正常に機能しません。腸管が短いのもエネルギーを効率的にとれるようにする肉食動物の特徴です。つまり、人間と同じような食事では栄養が不足するばかりか、臓器に負担もかかり、寿命を縮めることになるのです。以上のことをふまえ、猫に適した食事を考えてあげることは非常に大切です。

また、年齢や体の特性によって必要な栄養バランスも変わってきます。体型や食事のようすに注意し、適正な食事がとれているか確認するようにしましょう。

年齢による食事の変化

子猫期［生後0日～1才］

生後4週齢くらいまでは母猫の母乳、または子猫用ミルクを与えます。歯が生えそろう時期から離乳食を。成長期の子猫は成猫の3倍のカロリーが必要なので、消化がよく高カロリーな食べ物を与えましょう。

成猫期［1～7才］

1日に必要なエネルギー量は、運動量の多い猫なら体重1kgあたり65kcal、運動量の少ない猫は体重1kgあたり45kcalが目安。妊娠中や出産後は多くの栄養が必要になるので、食事の量や回数を増やしましょう。

老猫期［7才～］

1日に必要なエネルギー量は成猫期の90%程度になります。栄養バランスを整えながらも低たんぱく、低脂肪の食事にしましょう。
また、高齢になると内臓の働きも弱まってきます。腎臓に負担をかけないよう塩分は控えめに、腸の働きを助けるためには食物繊維を多めに与えましょう。

猫に必要な栄養素

人間同様、「たんぱく質」「脂肪」「ビタミン」「ミネラル」「炭水化物」の5大栄養素が必要ですが、その割合は異なります。肉食である猫は多くのたんぱく質を必要とし、体重1kgあたりの1日平均必要量は人間の約5倍。また、必須アミノ酸のタウリン、必須脂肪酸のアラキドン酸、ビタミンA、ナイアシンは、体内で合成できないため、とくに欠かせない栄養素です。

必要な栄養素とその働き

たんぱく質
筋肉や血液、被毛などをつくります。人間の5～6倍の量が必要で、とくに猫が体内で合成できないタウリンを意識してとることが大切です。

脂肪
体を動かすためのエネルギー源となるほか、免疫機能を高めたりビタミン吸収を助ける働きも。必須脂肪酸が含まれる動物性脂肪が望ましい。

ビタミン
たんぱく質と脂肪の代謝を促し、さまざまな体の働きを助けます。ビタミンAはレバーなどの動物性食物からとる必要がありますが、過剰摂取は骨などに影響するので注意。

ミネラル
骨や歯を形成するカルシウムとリンは1：1で摂取するのが望ましい。赤血球をつくる鉄分、エネルギーの代謝を促進するマグネシウムも欠かせません。

炭水化物
糖質はエネルギー源に、繊維質は整腸作用に有効です。ただ、猫はたんぱく質と脂肪をおもなエネルギー源としているので、必要量は多くありません。

水分
水分は猫の体の60～80％を占める要素。猫は基本的に食べ物から水分を吸収し、足りない分を飲み水で補います。

栄養が偏らないよう気をつけて

タウリン不足は目の障害や心臓疾患を、ビタミンA不足は生殖器系疾患、ナイアシン不足は呼吸器系疾患などを引き起こします。これら栄養素は動物の肉に多く含まれるので、栄養素の不足を防ぐには肉を食べることが有効ですが、生肉も与えすぎると健康を害します。猫にはすべての栄養素がバランスよく調整された総合栄養食を与えましょう。

ドッグフードは猫に適さない！

犬は雑食に近い肉食動物、猫は純肉食動物。食性が違うので必要となる栄養素も異なります。とくに猫は体内でつくり出すことのできないタウリンやビタミンAなどを食事でとらなくてはいけないので、ドッグフードでは必要な栄養が補えません。猫専用のフードを与えましょう。

栄養不足は病気の原因になります。適した食事を与えましょう。

キャットフードの選び方

キャットフードの種類は、目的別に3種にわかれます。猫に必要な栄養すべてを含む「総合栄養食」、おやつとして与える「間食」、前記のどちらにも属さない「その他の目的食」です。主食には愛猫の年齢に適した「総合栄養食」を選びましょう。総合栄養食のなかには、「毛玉対策」「肥満対策」などの特別な機能を含むフードもあり、食感や味もさまざま。まずは必要だと思う機能のフードを選別し、そのなかから愛猫の好みを考えましょう。

キャットフードのタイプ

市販のキャットフードには、ドライ、半生（ソフトドライ、セミモイスト）、ウェットの3タイプがあり、フード中の水分含有量が異なります。猫の好みもわかれますが、水分量が多いほど傷みやすくなるので、食事の与え方や保存方法も考慮して選びましょう。

ドライタイプ

水分含有量10%以下。カリカリしていて歯垢がつきにくく、重量あたりの栄養価が高い。長期保存が可能。

ウェットタイプ

水分含有量75%程度。食事で水分補給ができ、風味がよいため好む猫も多いが、開封後の品質変化が早い。

キャットフードの保存方法

未開封のフードは直射日光が当たらず温度変化の少ない場所で保管を。開封後は、ウェットなら冷蔵庫で1日の保管が可能。ドライなら密閉して直射日光が当たらず温度・湿度の低い場所に保存します。ドライも開封した瞬間から酸化がすすむので、開封後1か月くらいで食べきれる量のフードを選びましょう。

主食には総合栄養食を、間食は全体の10%に抑えて

間食用のフードは嗜好性が高いため、好む猫も多いでしょう。しかし猫が欲しがるままに与えていては栄養が偏り、肥満や体調不良をまねきます。食事の基本は総合栄養食と決め、ごほうびなどで間食をあげる場合は、1日に必要なカロリー量の10％以内にしましょう。

ここも知りたい!

フード皿はどんなものがよい？

お皿が気に入らないと食事をしなくなる猫もいます。下記を参考に、猫が食事をしやすい形状のもの、また洗浄しやすく、衛生的に扱えるものを選びましょう。

- **底が浅く、食べ口が広い**
  食事中ヒゲが当たらず、多少の食べ散らかしが防げる大きめのものを。
- **重さがある**
  食事中にお皿が動かない程度の安定が必要。滑り止めつきも◎。
- **傷がつきにくい**
  細菌繁殖を防ぐため、傷がつきにくい陶器やガラス、ステンレス製がおすすめ。

キャットフードを購入するときのPoint

キャットフードのパッケージやラベルには、ペットフード公正取引協議会が定めたフード情報が記載されています。

①商品名 ②キャットフードの目的 ③内容量 ④給与方法 ⑤賞味期限 ⑥成分 ⑦原材料 ⑧原産国 ⑨事業者の名称の記載が義務づけられているので、まずはこれらがきちんと表示された安全なフードかを確認しましょう。購入するときには以下のチェック項目を参考にして、愛猫にぴったりのフードを選んであげましょう。

目的

フードの種類が記されています。主食には「総合栄養食」とあるものを選びましょう。

年齢

大きくわけて子猫用、成猫用、高齢猫用があります。成長段階により必要な栄養も異なるので、愛猫の成長にあったものを。

機能

機能をうたったフードは、長期間食べることで効果が発揮されます。一度決めたら、しばらくは同じフードを与えつづけましょう。

原材料

使用量の多い順に記載されています。アレルギーをもつ猫や添加物を気にする場合は、よくチェックを。

内容量

ウェットなら1日、ドライなら1か月程度で食べきれる量を選びましょう。

賞味期限

未開封で適切に保管していた場合の品質保証期間を表示しています。賞味期限内であっても、より新鮮なものを選びましょう。

機能の種類

猫種や生活スタイルにあわせたもの、健康管理の助けとなるものなどがあります。

- 室内飼いの猫用
- 避妊・去勢手術後用
- 歯石対策用
- 肥満猫用
- 毛玉対策用
- 猫種別用　　など

療法食は獣医さんの指導のもと与える

キャットフードのなかには、特定の病気に対しての食事療法を目的とした「療法食」という種類もあります。

動物病院や、病院が併設しているペットショップ、病院のインターネットサイトでも購入が可能です。ただし、療法食には獣医さんの指導が必要なものもあり、間違ったものを与えると、かえって体調を崩してしまいます。自己判断で与えるのはとても危険なので、食事療法を考えているなら、かかりつけの獣医さんに相談し、指示を仰ぎましょう。

猫はもともと小動物を食糧としていたので、少ない量を1日に何度も食べる習性があります。しかし、キャットフードを1日中出しておくのは衛生的によくなく、食事量も把握しにくくなります。キャットフードは愛猫が必要とする1日分の分量を正確にはかり、それを何度かにわけて与えましょう。食事の時間を決めておくと猫も安心して待てるようになります。

キャットフードの与え方

量

カロリー量は、成長段階や運動量などにより異なります。まずは愛猫に必要なカロリー量を把握しましょう。正確な数値は、獣医さんに相談するのがいちばんです。カロリー量がわかったら、キャットフードに記してある給与方法を参考に、必要分量を割り出します。必ずキッチンスケールなどで計量して与えましょう。

1日に必要なカロリー量の目安

カロリー量は、体重1kgあたり40～60kcalを目安に、その猫の年齢、体型などによって変わります。下記は、**肥満傾向にある成猫を1とした場合の目安です。**

減量が必要な成猫	0.8
活発な成猫	1.2
妊娠中の猫	2.0
高齢猫	1.1
4か月以下の子猫	3.0
4～6か月の子猫	2.5
7か月～1才の子猫	2.0

回数

食事の回数は、飼い主さんのライフスタイル、猫の特性、成長段階などをふまえて決めます。成猫の基本は朝と夕方の2回、食欲旺盛な猫の場合は3回にわけて与えると満足度が高くなるでしょう。また、一度に少量しか食べられない場合も、回数を増やして調節するとよいでしょう。

1日の食事回数の目安

回数は猫の成長段階、性格によって調節する必要がありますが、成猫なら飼い主さんのライフスタイルにあわせることも可能です。

子猫 子猫用フードを食べられるようになれば、1日2～3回。

授乳期の猫の食事 ➡ 31ページ
離乳期の猫の食事 ➡ 33ページ

成猫 1日2～3回。食欲旺盛な猫は、食事回数を増やすと満足度が増します。

老猫 1日3～4回。内臓の働きが弱まるため、1回の量を少なくし、回数を多くすると◎。

ここも知りたい!

キャットフードの切りかえ方を教えて!

猫は味覚や嗅覚が敏感なうえに好みにもうるさいので、突然フードを変えても食べないことがあります。慣れないフードで嘔吐や下痢をすることもあるので、1週間くらいを目安に、少しずつ新しいフードに切りかえていきましょう。

二皿法
現フードと新フードを別々のお皿に出します。初日は9：1、翌日は8：2というように新フードの割合をじょじょに増やします。

手から与える
食事としてではなく、ごほうびとしてひと粒ずつ新フードをあげてみましょう。猫が味に慣れてきたらフード皿であげてみて。

水分補給はしっかり

もともと砂漠で生きていた猫は、少ない水分でも体が機能するようにできています。フードからも水分をとっているため、水だけでどうしてもこの量を飲まなければいけないという目安はありませんが、水分は猫の体の60〜80％を占める大切な要素。飲水量を増やす工夫をしましょう。

飲水量を増やす Point

猫は長い間、必要な水分のほとんどを獲物や植物からとっていたので、「水を飲む」という習性があまりありません。しかし、健康促進のためや、膀胱結石、膀胱炎などの病気予防のためにも水分は積極的にとらせたいもの。愛猫の好みや習性をよく観察し、水分がとりやすくなるよう工夫してみてください。また、健康管理のためにもふだんの飲水量は把握しておきましょう。

ミネラルウォーターをあげるときは……

ミネラルウォーターには、ミネラル分を多く含む硬水と、比較的含有量が少ない軟水があります。軟水に含まれるミネラル分は、水道水に含まれる量とそれほど変わりません。ミネラル分は、尿石症などを引き起こす原因になるので、与えるのなら水道水や軟水を。ただし、地域によっては水道水が硬水の場合もあります。ミネラル分の含有量は、各水道局のHPなどに記載されているので、チェックしてみるとよいでしょう。

1 水の容器を部屋のあちこちに置く

行くところ先々に水が置いてあれば、ついペロッと水を飲む回数も多くなります。猫のお気に入りの場所、ひなたぼっこする場所など、いろいろなところに水を置いてみましょう。

2 フードに水を加える

だし汁をフードにかけるなど、愛猫の好みにあわせて味の工夫をしてみましょう。ただし、水のにおいが残っていると敏感な猫はフードを食べなくなることもあります。

3 湯ざましやカルキ抜きをした水を与える

水道水に含まれるカルキ臭が苦手な猫や、水道水から出した直後の水が冷たくて飲めない猫もいます。水の温度は人肌くらいがちょうどよいでしょう。また、カルキ臭は、水に竹炭や木炭を入れて少し放置するとにおいが消えます。

食事
Food

危険な食べ物と植物

正しい知識をもって愛猫を危険から守ろう

わたしたちの身のまわりには、猫にとって有害なものがたくさんあります。食べ物はもちろん、観葉植物や家庭で使う洗剤、殺虫剤にも注意が必要です。

猫は用心深く学習能力にも優れているため、子猫期に適切な食体験をしていれば、食事とそうでないものをはっきり区別しているはず。有害なものを自ら食べることは少ないでしょうが、ふとした拍子に口に入れてしまうこともあります。有害なものは部屋から撤去するか安全な場所に片づけ環境を整えましょう。また、猫によいとされる食材・植物でも、与えすぎはよくありません。飼い主さんが正しい知識をもつことが大切です。

危険な食べ物&飲み物

以下で紹介しているものは絶対食べさせてはいけません。加工食品の原材料として使われている場合もあるので、使用食材がわからないものは避けて。基本的に人が食べる物は与えないようにしたほうが安全でしょう。

イカ・タコ・エビ
水中の汚染物質が体内に蓄積されている可能性が。またビタミンB_1を分解する成分も含んでいます。

骨つき肉・魚
骨の先端で消化器官を傷つける可能性があります。また、豚の生肉はトキソプラズマ症の原因になることも。

ネギ類
タマネギ、長ネギ、ニラなどに含まれる成分が、猫の赤血球を破壊し貧血、下痢、嘔吐、発熱などの原因に。

アルコール類
摂取後30～60分で嘔吐や下痢などの症状があらわれ、摂取量が多いと死に至ることも。少量でも危険です。

お菓子
糖分が多すぎるので糖尿病の原因に。また、チョコレートには中毒を起こす成分が含まれ、命にかかわることも。

ぶどう
腎不全の原因になります。嘔吐や下痢、腹痛などの症状が出て、重症になると命を落とす可能性も。

人間の食べ物のおすそわけはダメ

食材のみならず、人間用の味つけは猫にとって体にいいものではありません。また、香辛料は鼻の感覚を麻痺させ、腎臓障害の原因にもなります。人の食べ物は与えないでください。

危険な植物

猫は純肉食動物ですが、草を食べる習性があります。それには、毛玉を吐き出すため、繊維質を補うためなど、さまざまな理由があります。しかし、猫にとって危険な植物は、以下のもの以外にも700種以上はあるといわれているのです。食用には猫草を用意し、そのほかの植物は猫が届かない場所に置くのが賢明です。

ポトス

葉の部分に毒を含んでいて、食べると口の中がはれあがってしまいます。皮膚炎を起こすことも。

ユリ

嘔吐、下痢、呼吸困難、全身麻痺などをともなう強い中毒性をもち、少量でも命を落とすことも。

スズラン

毒性が強く、花、茎、葉、どこを食べても危険です。嘔吐や下痢を起こし、心臓にも負担がかかります。

アロエ

樹液に含まれる成分が危険です。体温低下や下痢を引き起こすおそれがあるので与えないように。

ポインセチア

葉や茎に含まれる成分が有害。口の中が強く痛み、嘔吐や下痢、けいれんを起こすこともあります。

アサガオ

種に毒が含まれています。食べると、嘔吐、下痢、血圧低下などの症状が出るので要注意。

ここも知りたい!

猫草は用意しなければダメ?

猫草は、胃の中にたまった毛玉を吐きたいときや、繊維質をとりたいときなどに食べるものです。毛玉をよく吐いてしまう猫には、猫草を食べて自分で体調を整えることができるので、置いてあげてもよいでしょう。吐かない猫の場合は、必ずしも必要ではありません。

トイレ
Toilet

快適なトイレ環境とトイレの教え方

猫の好みにあった トイレづくりがカギ

猫は同じ場所で排せつをする習性があります。外敵を避けるため、自分のにおいをできるだけ残さないようにしてきた野生時代からのなごりです。だからトイレの場所を覚えさせるのは意外と簡単。問題となるのは、トイレ環境に対する並々ならぬこだわりのほうなのです。

猫は自分が納得できる環境でないと決してトイレを使おうとしません。排せつ場所を求め、あちこちでオシッコやウンチをすることも。また、排せつをがまんして病気をまねくこともあります。猫のそそうは飼い主さんにとっても大きなストレス。お互いのためにも猫の好みにあう快適なトイレ環境を用意してあげましょう。

トイレの教え方

数回同じ場所で排せつすれば、猫はそこがトイレだと認識します。失敗させないことがトイレを覚えさせる近道なので、猫を迎えたその日から、トイレが使えるよう準備をしておくことが大切です。

1 猫のトイレサインを見つけたらトイレの中へ

猫がそわそわしたり、周囲のにおいを嗅ぎまわったり、前足で砂をかくようなしぐさを見せたら、トイレの中へ入れてあげます。

2 じょうずにできたらほめる

しばらく静かにようすを見守り、オシッコやウンチができたら、優しくほめてあげましょう。数回排せつができれば、もう大丈夫です。

可能なら、猫をもらい受ける際にオシッコのにおいがついたトイレ砂を少しわけてもらい、新しいトイレ砂に混ぜておくとよいでしょう。

猫が快適に感じるトイレの選び方

猫がこだわるトイレのポイントは3つ。容器の形、トイレ砂の種類、トイレの置き場所です。トイレの置き場所は好みの傾向がありますが、容器、トイレ砂は種類が豊富なうえ猫の好みもさまざま。猫にとって使いやすいこと、好みにあっていることを第一に考えましょう。飼い主さんが衛生を保ちやすいかも重要ですが、猫が使ってくれないことには話になりません。

トイレ容器

猫の体のサイズにあうものを選びましょう。猫が自由にまわれるくらいのサイズか、きちんと砂かきできる深さがあるか、出入りしやすいかがチェックポイント。フードタイプやシステムタイプは、好む猫もいれば警戒する猫もいるので、猫の反応を見て考えましょう。

箱タイプ

汚れたのがわかりやすく、排せつ物の掃除もしやすいので、衛生的に使えます。固まる砂が適しています。〈ネコのトイレ〉／A

フードタイプ

人目を気にする猫におすすめ。砂の飛び散りも防げますが、においがこもることがあるので掃除はしっかりと。〈脱臭ペットトイレ〉／A

システムタイプ

上段は専用のトイレ砂、下段はマットやペットシーツなどでオシッコやにおいを吸収するしくみになっています。〈ニャンとも清潔トイレ〉／B

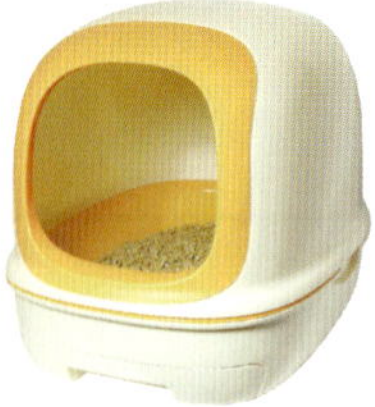

トイレ砂

素材、におい、粒の大きさ、感触など、猫がこだわるポイントは千差万別。トイレに慣れてもらうには、猫が今まで使っていたトイレ砂と同じものを使うのがいちばんです。変えたい場合は、いくつかトイレ砂を並べて猫が好んで使うものにするのも一案です。

砂の種類		特徴
鉱物系		吸収力・消臭力が高くよく固まるが、ほこりが出やすい。自然の砂に近いので好む猫も。不燃ゴミとして処理するものが多い。
おから系		吸収力・凝固力が高く、トイレに流せるものが多く使いやすい。ただ、おから独特のにおいが気になったり、猫が食べてしまうこともあるので注意。
材木系		脱臭・消臭効果が高く、可燃ゴミとして出せるのがメリット。凝固力はあまり強くない。使っているとくだけて粉状になるため、飛び散りやすい。
シリカゲル系		吸収・乾燥力が抜群で、飛び散りにくい。消臭力もあり掃除が楽だが、固まらないものが多く、排せつ物のチェックには不向き。

猫が落ち着けるトイレの場所3か条

3 食事場所と離れている
猫は食事場所では排せつをしないという習性があります。衛生的にもよくないので離しましょう。

2 自由に出入りできる
猫がしたいときに排せつできるよう、部屋のドアを開けておく、キャットドアをつけるなどの工夫を。

1 人どおりが少なく静かなところ
人目が気にならない猫もいますが、排せつを見られることを嫌う猫にとっては絶対条件です。

＊商品のお問い合わせ先は巻末をご覧ください。

猫の排せつ物はとてもくさいです。そう思っているのは飼い主さんだけではありません。嗅覚が人間の数万倍鋭いといわれる猫にとっては、なおさらくさいはず。そのせいなのか、猫は汚れたトイレが大嫌い。トイレが汚れていると使おうとしないので、排せつ物はそのつどとり除いてあげるのが理想的。トイレ全体の掃除も1か月に1回行うことで清潔を保って。

トイレ掃除のしかた

毎日の掃除

排せつ物のとり方

砂全体をとりかえる必要はありません。ウンチやオシッコ（砂が固まった部分）を、できるだけ排せつの度にとり除いてあげましょう。外出していたときは、帰宅後すぐ排せつ物の掃除を。

こまめに掃除してね!

先輩飼い主さんからのアドバイス

とり除いた排せつ物のにおい対策はこうしてます!

排せつ後に掃除した砂を可燃ゴミの日までためているのが本当にくさい！　でもマンションだと外に置いておくこともできない!!　そこで、ウンチもオシッコの砂も新聞紙に包んでからゴミ箱に捨てるようにしたところ、においがまったく気にならないようになりました。わが家の、とり除いた排せつ物のにおい問題は、無事解決しました。

ひと工夫でにおいが軽減できるよ

毎月の掃除

容器の洗い方

3 天日干しをする

日光にあてて乾かすことで、除菌・消臭効果が高まります。完全に乾いた容器に新しいトイレ砂を入れたら、掃除完了。

2 洗った容器に除菌スプレーをかける

水洗いだけでは汚れが落としきれない場合があります。においのもとにもなるので、除菌スプレーをかけるとより効果的。

1 トイレ砂をとり除き丸洗いする

トイレ砂は、2週間に1回は全部入れかえ、容器は月に1回、丸洗いしましょう。容器はていねいにスポンジで水洗いします。

トイレでできる健康チェック

排せつ物には健康状態があらわれます。とくに猫は腎不全などのオシッコの病気になりやすいので、排せつ物は毎日チェックし、異常がないかの確認とともに、ふだんの排せつ状態を把握しておくことが大切です。オシッコの異変で疑われる病気は腎不全、尿路結石、膀胱炎など。ウンチでは毛球症、腸炎、寄生虫、巨大結腸症などがあります。

CHECK

排せつするときのようすや排せつ物のここに気をつけて!

猫が排せつするときのようすや、排せつ物の状態には病気のサインが出ます。定期的に確認をして、愛猫の健康を守りましょう。

- □ オシッコやウンチの量・色
- □ ウンチの硬さ・やわらかさ
- □ 排せつ時に苦しそうな声を出していないか
- □ 何度もトイレに出たり入ったりしていないか

そそう対策

猫は自分の排せつ物のにおいがするところをトイレだと思います。そそうをしたときにはできるだけ早く掃除をし、排せつ物のにおいが残らないようにしましょう。さらに、同じ場所でのそそうを防ぐためには、掃除のあとに猫が嫌いなにおいのするスプレーをまく、そそうをした場所にものを置いてしまうといった対策も効果的です。

そそうしたときの掃除

1 排せつ物をきれいに拭く

掃除用の洗剤を使い拭きます。洗えるものは、におい分解酵素が入った洗剤で洗います。

2 においを残さないよう消臭する

拭き掃除のあとには、消臭スプレーまたは消臭用エタノールを吹きかけて仕上げましょう。

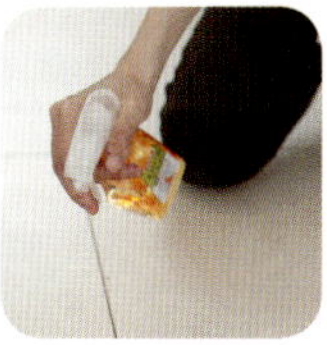

猫がそそうをするときは、原因がある

猫はマーキングをする動物です。なわばりを主張するときや発情期などには、オシッコのにおいをつけることで自分の存在をアピールするのです。高い位置にオシッコをかけている場合はマーキングの可能性が。床や低い位置にそそうしている場合はトイレが気に入らない、もしくは、病気の可能性があります。

病気
排せつ時に痛みを感じるとトイレに悪印象をもつため、ほかの場所で排せつしようとします。

マーキング
模様がえや引っ越し、家族が増えるなど、環境が変化すると気持ちを落ち着かせるためマーキング行動が増えます。

トイレ環境に不満がある
使い勝手が悪い、場所が気に入らない、汚いなど、トイレ自体が不満だとほかの場所で排せつしてしまいます。

爪とぎを用意しよう

爪とぎは猫の本能。家具でさせない工夫をしよう

猫が爪とぎをするのには理由があります。猫の爪は薄い層が何層も重なっている構造になっていて、爪をとぐことで古い爪をはがしています。これは、つねに新しく鋭い爪で獲物を捕るため。また、爪とぎにはマーキングの意味もあります。足の裏にある臭腺から出るにおいを自分のなわばりにつけているのです。さらに、ストレス発散やストレッチの意味もあるといわれています。

爪とぎは猫の本能なので、それ自体をやめさせることはできません。壁や家具をボロボロにされないためには、猫が喜んで爪をとぐものを用意して、特定の場所で爪をとがせるように工夫しましょう。

爪とぎの選び方

爪とぎには、素材や形によって多くの種類があります。猫は気に入らない爪とぎは使ってくれないので、まずは猫の好みを把握することが肝心。買ったものを使ってくれないときは、ほかの素材や形のものを試しましょう。

置き方

猫が爪をとぐ姿勢をよく観察し、その姿勢でとげるものを用意して。タテ置き、ヨコ置きのほかに、ナナメ置きのものもあります。

タテ置き

壁や柱などで爪とぎをする猫には、タテ置きタイプが向いています。猫は背伸びをして高い位置で爪をとぐので、その高さにあったものを選びましょう。

ヨコ置き

床に敷いたカーペットなどで爪をとぐ猫向き。滑り止めつきがおすすめです。

素材

家具や壁への爪とぎ被害を少なくするためには、猫がそれらと爪とぎとの違いがわかるよう、別の素材のものを用意します。

ダンボール製

すぐに捨てられて、買いかえやすい素材。とぎカスは多め。

麻製

とぎカスは少ないですが、麻のにおいに抵抗感をもつ猫も。

木製

野生時代、猫は木で爪をといでいたので、好まれやすい素材。

カーペット製

とぎカスは少なめで、比較的長もちするタイプの爪とぎ。

爪とぎのしつけ方

爪とぎのしつけでいちばん大切なのは、猫が気に入る爪とぎを用意すること！　ですが、せっかく買った爪とぎを使ってくれないのも悲しいことです。そこで、使ってくれないとあきらめていた爪とぎを、ちょっとした工夫で猫が気に入る爪とぎに変身させてみましょう。

1 猫が好む場所に爪とぎを置く

壁や柱など、猫が好んで爪をとぐ場所があるなら、そこに爪とぎを設置しましょう。ヨコ置きタイプのものをタテ置きにするだけでも、爪とぎを使ってくれる可能性があります。

2 猫の前足をもって、においを爪とぎにつける

買ってきたばかりの爪とぎの場合、自分のにおいがついていないので警戒して使わないことがあります。猫の前足をもって爪とぎにさわらせ、肉球のにおいをつけてみましょう。

ここも知りたい！

家具で爪をとぐのをやめさせるには？

家具や壁で爪をとぐなら、保護シートをはったり、猫が嫌いな柑橘系のにおいがするスプレーをかけておくのが効果的。お試しを！

ペット用
柱・壁の保護シート

壁や柱にはることができる保護シート。透明なので室内の景観を損ねません。／A

おもしろ爪とぎグッズを紹介！

ツメとぎトレイ

カーペット素材で、とぎカスが散らばらないトレイ型の爪とぎ。裏面は滑りにくく、床に傷をつけない加工。／M

ロール式つめとぎ

ダンボール素材で、使う部分だけ引き出して使う節約タイプの爪とぎ。約10回引き出して、使用できます。／A

キャットベース　モア

天井部に交換することができる爪とぎがついた、猫専用ダンボールハウス。遊び場やベッドとしても活躍します。／C

＊商品のお問い合わせ先は巻末をご覧ください。

室内
Room

猫がすごしやすい環境をつくろう

上下運動ができるスペースとくつろげる空間をつくって

室内飼いの猫にとって、家の中は1日中すごす場所です。猫がストレスなく生活できるよう、快適な環境をつくってあげましょう。

猫はもともと、森林で暮らし木に登る生活をしていた動物。ジャンプしたり、高い場所に登ったりするのが大好きなので、上下運動ができるスペースを用意してあげましょう。さらに、高い場所に猫ベッドなどを置いて、落ち着けるスペースをつくってあげるのもおすすめです。そのほか、トイレや食事場所の位置、室温管理にも注意してください。また、猫の年齢によって室内環境を見直すことも大切です。

高齢猫のための環境づくり ➡ 185ページ

猫に危険なものはしまう

部屋の中には、猫がいたずらしたり、食べたりすると危険なものは数多くあります。中毒を起こす危険がある観葉植物は猫の届かない場所に置いたり、感電事故を防ぐために電気コードにはコードカバーをつけるなどして、誤食や事故を防ぎましょう。また、大事なものを落とされたり、壊されたりしても猫を叱ってはダメ！　大事なものをそこに置いておいた飼い主さんの責任です。

Point 1

落ち着ける場所をつくる!

猫ベッドなどを置き、猫がくつろげる場所を用意してあげましょう。多頭飼いのお宅は、それぞれの猫に専用のスペースをつくります。日当たりのよい場所や、高い場所がおすすめです。

Point 2

上下運動ができるスペース

室内飼いの猫は、どうしても運動不足になりがちです。上下運動ができる環境をつくりましょう。家具に段差をつけて配置したり、キャットウォークやキャットタワーを設置してあげるとよいでしょう。

Point 3

猫が快適な室温に調節

猫は寒いのも暑いのも苦手な動物。エアコンなどで快適な室温を保ってあげましょう。猫にちょうどよい温度は、人よりやや高めなので注意してください。

詳しくは ➡ 68～69ページ

Point 4

トイレは猫の数プラス1個

多頭飼いのお宅は、トイレも複数用意します。理想は、猫の数プラス1個。それぞれ静かな場所に置きましょう。また、つねにトイレを清潔にしてあげるのも、猫が快適にすごすための条件です。

Point 5

食事場所はトイレと離す

猫は野生時代、排せつ場所と食事場所をわけて生活していたので、近いとトイレを使わなくなる可能性があります。隣りあわせにはしないように。また、衛生面からも離したほうがよいでしょう。

猫と人が暮らしやすい部屋

現在、6匹の猫たちといっしょに暮らす松本さん家。猫にとっても人にとってものびのびと生活できる！そんな居住空間にするための工夫を紹介します。

猫がきそってひざの上に乗ってくるという伸子さん。猫にとっていちばんの快適スペースは飼い主さんのひざの上!?

人より猫のほうが多いのでだったら家も猫仕様にと！

「今、猫が6匹いるんですが、おかげで生活は猫中心で。こんなに猫がいるんだから、家だって猫仕様にしてしまおうと思ったんです」と話すのは飼い主の伸子さん。猫と人がお互いに快適にすごすためにはどんな工夫が必要か、一から考えたといいます。そうしてできたのが、左にご紹介するアイデア。たくさんの工夫で、猫にとっても人にとっても、快適な空間ができあがりました。

リフォーム後の猫たちの反応はどうだったのでしょう？「よかったのはトイレですね。静かで人どおりの少ない場所に置くといいと聞いたので、猫のトイレ専用の個室をつくったところ、排せつ時以外でもトイレでくつろいでいる猫がいますよ」。

伸子さんの近くでよりそって寝ている猫たちを見ると、快適な家に満足しているようです。

工夫4
猫が落ち着けるようトイレは個室に!

トイレと掃除道具だけを置いた、猫のトイレ専用の個室。猫にとっては静かで落ち着く排せつスペース、人にとってはトイレのにおい対策になります。

リビングとトイレを行き来
できるんだ!

工夫1
キャットウォークをつけて上下運動スペースに!

運動したら、
ちょっとやせた気が
する〜

肥満気味の猫が多いという松本さん家の猫たち。背の高い家具もないため、リビングの壁いっぱいにキャットウォークを設置して、運動不足を解消!

工夫5
ひんやりする床には床暖房

寒い日には床暖房をつけて温まれるようにしました。ただし、暖房をつけるのは床の半分のみ。暑くなったら移動できるように、涼める場所も用意しています。

あったかーい

工夫2
壁紙は爪がとぎにくい素材のものを使用

以前は、爪とぎを置いても壁やソファーで爪をとがれてボロボロだったそう。現在は爪がとぎにくい壁紙を使用し、爪とぎ被害を減らすことに成功。

爪が引っかから
ないんだ

そのほか
猫のための食事スペース

やぶけにくい網戸

ロックができてやぶけにくい脱走防止用網戸や、上からほこりがかからなくて衛生的な猫専用の食事スペースなど、猫のための工夫は盛りだくさんでした。

工夫3
タテ置きにできる爪とぎ場所

6匹も猫がいれば、爪とぎの好みもさまざま。タテ置きタイプが好きな子のために壁に設置できる場所をつくりました。

これが好き!

室内
Room

季節にあわせたケアをしよう

とくに夏と冬は飼い主さんがしっかり対策を！

季節ごとに、猫の健康管理やお世話で気をつけたいポイントはありますが、とくに注意したいのが夏と冬。猫は快適な温度の場所を探して自分で移動するので、多少の暑さ寒さは大丈夫ですが、真夏と真冬は飼い主さんが対策をしてあげる必要があります。

冬は、寒さ対策以外にもストーブによるやけどや感電などの事故に注意しましょう。夏は、フードの管理や夏バテ、熱中症といった病気にも気をつけて。そのほかの季節で気をつけたいお世話は、70－71ページ「猫の年間お世話カレンダー」を参考に。猫が1年をとおして元気にすごせるよう、ケアをしてあげましょう。

冬に気をつけたいこと

冬は、猫用ベッドに湯たんぽを入れてあげたり、もぐれるように暖かい毛布を用意してあげれば、つねに暖房をつけている必要はありません。また、冬はやけどや感電などの事故が増える季節です。十分注意して、事故を防ぎましょう。

水飲み場を寝床と近い場所に！

寒い冬は飲水量が減る季節。飲水量が減ると、泌尿器系の病気になるリスクが高くなります。水飲み場が遠いと、ますます水から猫の足が遠のくので、寝床の近くなどにも置いてあげましょう。

暖かい場所と涼める場所を用意する

猫用ベッドや湯たんぽ、暖房器具で温まれる空間を用意したら、同時に暑くなったら涼める場所もつくってあげます。暖房をつけていない部屋に自由に行き来できるようにしてあげましょう。

冬に起こりやすい事故に注意!

やけど
暖房器具の使用頻度が増える冬は、やけどの事故も多発します。とくに暖房器具を1年中出しっぱなしにしている家庭は要注意。熱いことに気づかずに猫が飛び乗ってしまうかもしれません。囲いをするなど対策を!

感電
冬は使用する電化製品が増えるため、感電事故も増えます。猫がコードをいたずらして感電しないよう、コードを隠したり、コードカバーをつけたりしましょう。

夏に気をつけたいこと

夏は、夏バテや熱中症に気をつけたい季節。いちばん暑くなる時間帯だけでもエアコンをつけてあげるのがおすすめです。猫が涼しい場所に移動できるよう、各部屋を行き来できるようにしてあげましょう。とくに、飼い主さんが留守の間は要注意。蒸し暑い部屋に閉じこめてしまわないよう、外出前に猫の居場所をチェックし、暑さ対策をすることをお忘れなく!

窓はカーテンなどで遮光する

カーテンを閉めるだけでも、室内の温度の上昇を防ぐことができます。とくに、猫がよくいる部屋に直射日光が当たるなら閉めてあげましょう。

暖かい場所にも行けるようにする

部屋を涼しくすることはもちろん大切ですが、同時に、涼しくない部屋にも行き来できるようにして、猫が自分で快適な温度の場所に移動できるようにしてあげましょう。ワンルームの場合は、猫が温まれるよう猫ベッドなどを置いてあげて。

エアコンで室温を調整する

猫が快適に感じる温度は人間よりも高く、26～28℃くらい。日中の暑い時間帯だけでも、室温が28℃くらいになるようエアコンを設定してあげると◎。

ウェットフードを置きっぱなしにしない!

ウェットフードは水分量が多いので、夏場に放置するとすぐに傷みます。外出するときにフードを置いておくなら、ドライフードにしましょう。

新鮮な水を複数用意する

脱水症状を防ぐため、猫がどの部屋にいても水が飲めるよう新鮮な水を複数用意してあげましょう。こまめに水分補給ができる環境を整えてください。

⚠ 夏バテや熱中症などの病気に注意!

猫は汗腺が少なく、体から熱を逃がすのが苦手なため、暑いと食べる量や運動量を減らして体温の上昇を防ごうとします。しかし、極端に食べなくなったり、動かなくなったときは夏バテの可能性が。夏バテの場合は、食べなくなる分動かなくもなるので、体重の増減はあまりありません。食欲をアップさせる工夫をしてあげましょう。怖いのは、夏バテだと思っていてほかの病気だった場合です。体重が減っていたり、遊びに誘ってものってこないなどの不調サインがある場合は、動物病院で診察を受けましょう。猫の不調を見逃さないよう、日ごろから食事量や飲水量、体重を把握しておくことも重要です。

猫の年間お世話カレンダー

3月 春の換毛期。ブラッシングは念入りに

寒さから身を守るための冬毛が抜ける時期。長毛種はもちろん、短毛種も飼い主さんが毎日ブラッシングをしてあげましょう。秋ごろにも換毛期があるので、同じくしっかりブラッシングをしてあげて。

ブラッシングのしかた ➡ 100ページ

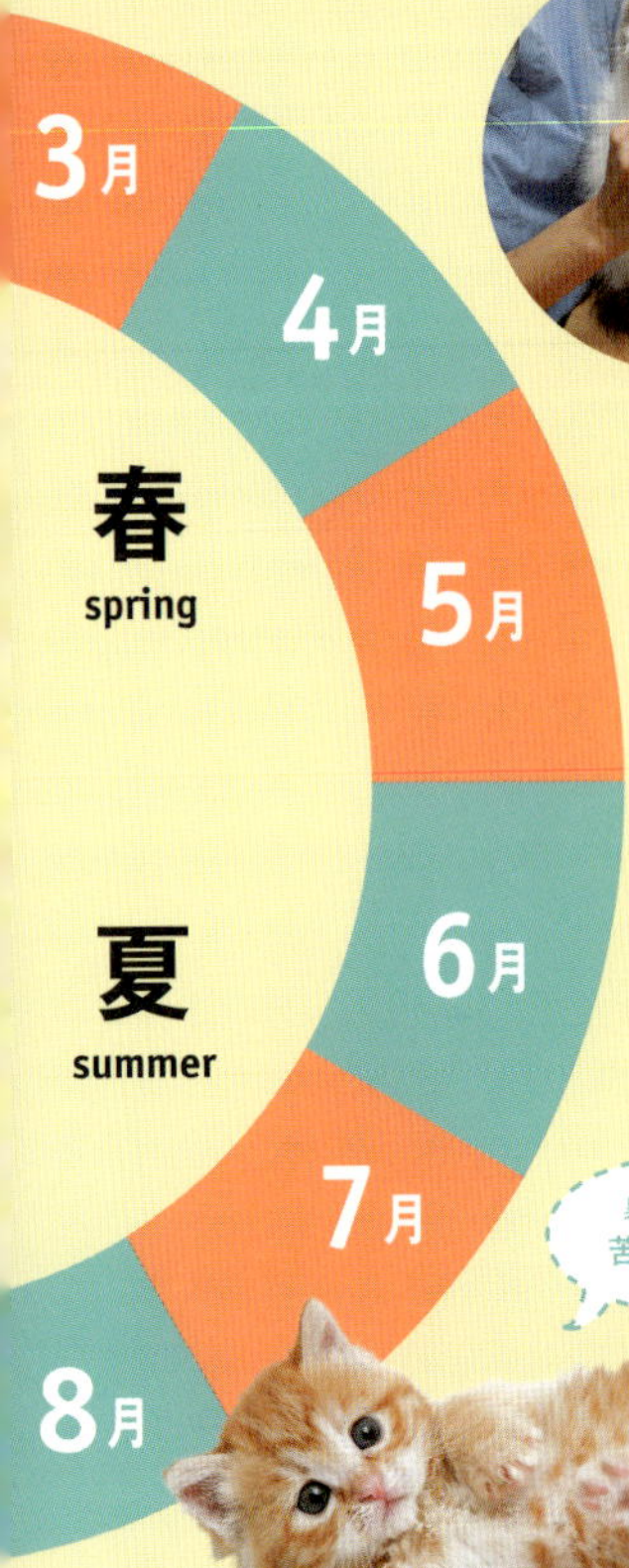

4月 体調が落ち着く時期は健診や予防接種を!

暑くもなく寒くもなく、体調が落ち着く時期は健康診断や予防接種におすすめです。愛猫の健康のため、定期的に受けましょう。

健康診断と予防接種 ➡ 168ページ

5月 ノミやダニが増えてくる時期なので気をつけて

ノミやダニなどの寄生虫がじょじょに増える時期です。飼い主さんが外からそれらを運んでこないよう注意して。また、気候が穏やかな時期は、つい窓を開けっぱなしにしてしまうことも。換気中の脱走に気をつけましょう。

6月 フードが傷みやすい時期。管理に気をつけて!

梅雨期はカビが繁殖しやすいので、キャットフードの管理に注意してください。また、これから暑くなるにつれ食中毒の危険も増します。フードと水はつねに新鮮なものを与えましょう。

7月 ノミの繁殖期。部屋の掃除を徹底しよう

ノミの繁殖期。ノミの繁殖力は非常に高く、1匹見つけたら100匹いるともいわれます。猫の体から見つけたら病院で駆除してもらいましょう。もちろん、部屋の中の掃除も徹底的に行ってください。

8月 猫が苦手な猛暑。室温管理をしっかり

部屋の中が高温にならないよう、エアコンなどで室温管理をしましょう。閉め切った部屋などに閉じこめてしまうと、熱中症になり命にかかわる危険もあります。食欲チェックや体重管理もおこたらずに!

1月 暖房機具を使うときは事故に気をつけて

暖房器具の使用が増える季節。やけどや感電などの事故も多くなります。猫が近づいたり、いたずらでできないように対策を！ また暖房器具を切るときは、猫ベッドや湯たんぽを用意しましょう。

2月 避妊・去勢手術をしていない子は発情の季節

発情期の猫は、大きな声で鳴いたり、スプレー行動をすることも。子猫を産ませようと考えていないなら、避妊・去勢手術を考えましょう。そわそわと落ち着きがない時期なので、脱走にも注意して。

避妊・去勢手術について ➡ 160ページ

12月 猫が食べると危険な植物に注意

クリスマスシーズンに飾る人が多いポインセチアやシクラメンは、猫が食べると危険な植物。食べると中毒を起こすので、猫が届かない場所に置きましょう。

猫が食べると危険な植物 ➡ 57ページ

11月 寒い時期は猫風邪にかかりやすい

冬にかかりやすい猫風邪に注意してください。空気が乾燥しているとウイルスが繁殖しやすいので、加湿器などで対応しましょう。

猫風邪について ➡ 171ページ

10月 食欲が増す時期。肥満にならないように!!

秋は猫も食欲が増す季節。肥満にならないよう食事管理を徹底しましょう。欲しがるだけあげていたら、あっという間に肥満になってしまいます。

肥満について ➡ 166ページ

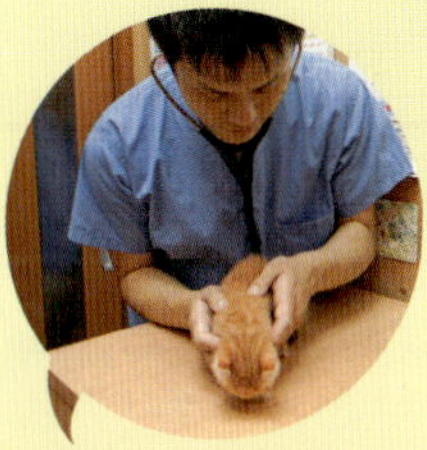

9月 体力が落ちている時期は体調を崩しやすい！

猛暑を乗り切ったあとに心配なのは、体力の低下。夏バテをしていると体力が落ち、病気にもかかりやすくなります。ふだん以上に健康管理には気をつけましょう。食欲が増える工夫をしてあげて！

室内
Room

脱走防止の工夫をしよう

脱走防止対策で室内飼いを徹底しよう

猫を飼ううえで、室内飼いは基本中の基本。なぜなら、屋外は猫にとって非常に危険な場所だからです。

猫の死因として多いもののひとつに感染症が挙げられます。代表的な感染症には、猫免疫不全ウイルス感染症（猫エイズ）や猫白血病ウイルス感染症などがありますが、これらは感染した猫とケンカをして、傷を負うことでかかる場合があります。感染するリスクを少なくするためには、予防接種をすることと、感染猫との接触を避けることにつきるのです。また、屋外では交通事故にあうリスクも考えなければなりません。室内飼いを徹底して、外で起こりうるさまざまな危険を回避してあげましょう。

さらに、現在では法律でも猫の室内飼育が推奨されています。飼い猫がよその庭でウンチをしたり、大きな声で鳴いて迷惑をかけたりすると、損害賠償を請求されることもあります。

一方、飼い主さんの意思に反して猫が脱走してしまうこともあるでしょう。脱走経路としてとくに多いのは、玄関。飼い主さんのお出かけ時に足もとからすり抜け、帰宅するまで猫が脱走したことに気づかないということも。本来猫には帰巣本能が備わっていますが、人に飼われていて外の世界をまったく知らないまま育った猫は、なにかの拍子に外に出てしまうと即迷子になる可能性もあります。そうならないために、脱走防止の対策をすることは非常に大切なことです。

ここも知りたい!

よく窓の外を眺めてるけど外に出たいの?

「窓の外を見ているのは外に出たいから?」「外の世界を知らないのは、猫がかわいそう」と思うのは間違い。猫はなわばり意識が強い動物ですが、室内飼いの猫にとってのなわばりとは家の中。猫は、食べ物があり安全な寝床があるなわばりから、危険を冒してまで外に出ようと思いません。外を眺めているのは、なわばりへの侵入者がいないか見張っているのです。

脱走防止対策をしよう

玄関　柵をつける

玄関は、脱走経路としていちばん多い場所です。玄関前に、市販のフェンスや人間の赤ちゃん用のゲートなどで柵をつけるのが効果的です。

猫を連れての外出時　キャリーバッグから出さない

知らない場所は、猫にとって恐怖そのもの。外出時にキャリーバッグから出すと、ふだんはおとなしい猫でもパニックになり逃げ出す可能性があります。猫のようすが心配でも、外でキャリーバッグを開けるのはやめましょう。

猫を連れて外出する ➡ 78ページ

ベランダ　ネットをはる

ベランダ越しにお隣に侵入したり、ベランダの高さに気づかず飛び越えて落下する危険もあります。ベランダのすき間や上から逃げないよう、内側からネットをはって対策をしましょう。

窓　網戸にロックをつける

網戸を閉めていても、簡単に開けてしまう猫もいるので、油断大敵！　網戸にする場合は、市販の網戸ストッパーなどでロックをしましょう。なかにはガラス戸を開けてしまう猫もいるので気をつけましょう。

一度外に出てしまった猫はとくに気をつけて！

猫はなわばりから外に出ようとは思わない動物ですが、それは一度も外に出たことがない猫の場合。一度でも外に出たことがある猫は、外も自分のなわばりだと認識し、出たがるようになってしまうことがあります。大事なのは、「一度も外に出さないこと」です。

迷子
Stray

猫が迷子になったら

いないことに気づいたら すぐに捜索を開始して！

外をまったく知らない猫にとって、家から一歩外に出てしまうとそこはもう未知の世界。室内飼いの猫は、たとえ家の近所でも迷子になる可能性があります。

迷子対策の第一歩は、首輪と迷子札をつけることです。愛猫が外でだれかに保護された際、これらがついていないと飼い主がいるのかさえわからないからです。成猫になってから首輪に慣れさせるのは大変なので、子猫のうちから慣らしておくとよいでしょう。

猫が迷子だとわかったら、一刻も早く捜索を開始してください。それと同時に近隣の動物病院や保健所、動物愛護センター、警察署に連絡しましょう。

日ごろからできる迷子対策

猫が迷子になってしまったときのため、迷子札をつけておくことは大切です。迷子札には、飼い主さんの名前、住所、連絡先、猫の名前を書きましょう。

ここも知りたい!

迷子札とマイクロチップのメリット・デメリットってなに?

迷子札と同じく迷子対策として有効なのがマイクロチップ。マイクロチップとは、いってみれば電子版迷子札。世界でただ1つの個体識別番号が記録されていて、動物病院で皮下に挿入してもらいます。読みとりリーダーを使い番号を読みとることで、登録された飼い主さんの情報がわかるしくみです。費用は、病院により異なりますが、登録料込みでおおよそ4,000～8,000円です。

迷子札

メリット	デメリット
●自分でつけることができる ●比較的安価	●首輪から外れたり、書いた字が消えてしまう可能性がある

マイクロチップ

メリット	デメリット
●一度病院で挿入したら、なくならない	●読みとりリーダーがない場所で保護された場合、情報がわからない

猫が迷子になったときの探し方

まずは、下記の方法で捜索を開始してください。探すときは、猫の好きなおやつやおもちゃ、キャリーバッグを持って行きましょう。また、無事に猫が帰ってきたら、念のため動物病院へ。ノミがついていないか、健康面に異常がないかなどを診察してもらうと安心です。

1 いなくなった周辺をくまなく捜索する

室内飼いの猫の場合、外に出てしまってもおびえて周辺の物かげに隠れている場合が多いため、まずはいなくなった周辺を徹底的に探してください。あたりが静かになれば、猫も落ち着いて隠れていた場所から出てくることがあります。昼間に探して見つからなくてもあきらめず、夜にもう一度探しましょう。

探すときはふだんと同じような声で名前を呼びましょう。猫が驚いてしまうので大声は厳禁です。キャリーバッグを持って行くことも忘れずに。

2 保健所や周辺の動物病院、保護団体などに連絡する

いなくなった周辺を探しても見つからなければ、どこかに保護されている可能性があります。必ず、周辺の動物病院や保健所、警察署、動物愛護センターなどへ問い合わせましょう。迷子になった場所が県境の場合は、隣接している県の施設にも連絡をしてください。連絡をおこたっていると、最悪の場合、保護されていたにもかかわらず処分されてしまうこともありえます。

また、ホームページなどで保護猫の情報を公開している施設もありますが、情報の更新には数日かかる場合があるので、まずは電話で問い合わせを。いなくなった日時と場所、猫の名前、性別、年齢、外見の特徴を伝えましょう。

3 ポスターをはったり、インターネットの掲示板を利用する

「猫を探しています」のポスターを近所のスーパーなどにはらせてもらえるよう頼みましょう。猫の写真をはり、飼い主さんの連絡先、いなくなった日時と場所、猫の名前、性別、年齢、外見の特徴を書きます。

また、インターネットの迷子猫専用の掲示板を利用するのも手です。ポスター同様、猫の情報を細かく書いてください。掲示板は、迷子猫を保護した場合も活用できます。保護猫の情報を書きこんでおくと、飼い主さんの捜索の手助けになります。

顔のアップや体全体が写っているものなど、猫の特徴がわかる写真があると捜索のときに便利です。

先輩飼い主さんからのアドバイス

脱走してしまったうちの猫を、こうして見つけました

一度も外に出たことがないうちの猫が、一度網戸を開けて脱走したことがありました。外に出た直後の猫と窓越しに目があい、その瞬間、脱兎のごとく走り去っていきました。あわててあとを追いましたが夜だったこともあり姿を見失ってしまい、家族総出で探したもののその日は見つかりませんでした。うちの猫は明け方になると活発に動きまわるので、翌日の明け方、再度ごはんとおもちゃとキャリーバッグを持って捜索を開始。ふと、近所の路地をのぞいてみると、そこに猫が！　あとは声をかけながらごはんとおもちゃでおびきよせ、近づいてきたところをなんとか確保しました。

留守番
House sitting

お留守番のさせ方

しっかり準備をすれば、猫はお留守番が得意！

猫は、もともと単独で生活をしていたため、ひとりで留守番することを「さびしい」とは思いません。家というなわばりの外に出るのは、猫にとっては大きなストレス。飼い主さんの外出につきあわせるよりも、できれば家でお留守番ができる準備を整えてあげましょう。しっかり準備をすれば、1泊までなら猫ひとりでお留守番が可能です。

2泊以上外出する場合は、ペットシッターや知人にお世話をお願いするか、ペットホテルや動物病院にあずけましょう。

外出から帰ったら、猫の体調やしぐさに異常がないか確認し、いっぱい遊んであげてください。

CHECK

お出かけ前にチェックしよう

外泊をする場合は、これらの項目を参考に準備をしましょう。

- □ フード
  傷みにくいドライフードを用意します。給餌時間になると決まった量が出てくる自動給餌器を使うのもおすすめ。
- □ 水
  きれいな水をたっぷり用意して。猫が倒してしまったときのため複数置いておきます。
- □ トイレ
  出かける直前に掃除を。猫は汚れたトイレが嫌いなので、長時間の外出なら複数用意して。
- □ 室温
  エアコン、暖房器具などで快適な室温を保ちましょう。温まれる場所と涼める場所をつくることも大切です。
- □ その他
  不要な電気コードを抜き、感電事故を防ぎましょう。猫がいたずらする危険があるものはしまってください。

外泊する場合

猫にひとりで留守番させる 期間1泊まで

安全な環境を整えてあげれば、猫だけでお留守番できる

1泊までの外泊なら、住み慣れた家でお留守番をさせてあげるほうが猫にストレスがかかりません。フードや水、トイレ、室温など安全で快適な環境を整えてあげれば、猫だけでのお留守番も可能です。注意したい点は、上記を参考にしてください。また、子猫や持病がある猫をひとりで残して外泊するのは避けましょう。

お留守番させるときはひとりで遊べるおもちゃを用意してあげるとよいでしょう。

外泊する場合

ペットシッターや知人に来てもらう　期間 1泊～

ふだんのお世話のしかたを詳しく伝えよう

猫をひとりでお留守番させるのが心配なら、ペットシッターや知人に鍵をあずけ、お世話をしに来てもらう方法もあります。家でお留守番ができるので、猫にとってはあまりストレスがかかりません。食事量や好きな遊び方など、ふだんしている猫のお世話を詳しく伝えてください。また、外出する日が猫とお世話を頼んだ人の初対面にならないよう、事前に打ちあわせなどで顔をあわせておきましょう。

CHECK

留守を頼むときに伝えよう

- ☐ ふだんの食事時間と給餌量
- ☐ トイレ掃除のしかた
- ☐ 猫が好きな遊び方
- ☐ かかりつけの病院の場所、連絡先
- ☐ 宿泊先と飼い主さんの連絡先など

外泊する場合

ペットホテルや動物病院にあずける　期間 1泊～

サービスの内容、衛生状態など猫をあずける前に下調べをしよう

ペットホテルは、各ホテルでサービスや料金などが違うため、事前に下調べをしましょう。事故があったときの補償についても確認を。ワクチン接種ずみを条件にしているところがほとんどなので、接種をするならあずける数週間前にはすませておきます。いつも食べているフードを持参し、可能なら好きなおもちゃや毛布などもいっしょにあずけると猫が安心するでしょう。

まずはかかりつけの病院であずかってくれるか確認して

多くの動物病院では、ペットの一時あずかりを行っています。病院にあずけるメリットは、なんといっても体調を崩したときにすぐに診てもらえること。その点、かかりつけの病院なら、カルテもあるのでより安心です。ですが、病院は多くの人や動物が出入りする場所でもあります。飼い主さん以外の人や動物に慣れていない猫の場合は、高ストレスな環境かもしれません。

CHECK

帰宅したらチェックしよう

☐ **食欲**
留守中に食べた量と、現在の猫の食欲を観察してください。

☐ **排せつ物**
帰宅後は、すぐにトイレの掃除をしましょう。その際、下痢や便秘をしていないか確認を。

☐ **体調**
ケガなどをしていないか、体をさわってチェックしましょう。ふだんと違うようすがあったら、動物病院へ連れて行ってください。

猫のようすに異変がないか食欲などを確認して。

外出
Trip

猫といっしょに外出するには

猫を外出させるなら体調が万全のときに！

猫と長時間外出するときは、健康管理に気をつけましょう。外出に慣れていない猫は、外に出るだけでも大きなストレスを受け、体調を崩しやすくなります。さらに夏場に車で移動する場合は、熱中症に気をつけて。高温になる車内に、猫を放置してはいけません。とくに、子猫や高齢猫、持病のある猫に無理は厳禁です。

また、外出時にキャリーバッグから飛び出し、そのまま迷子になるケースもあります。猫には必ず首輪をつけ、道中ではくれぐれもキャリーバッグを開けないようにしましょう。外出時のストレスを軽減させるためには、日ごろからキャリーバッグや首輪に慣れさせておくことも大切です。

外出前の準備

外出時の必需品は、キャリーバッグと首輪です。あとは、外出時間や距離にあわせて選びましょう。キャリーの中には、猫が好きなおもちゃやにおいがついたタオルなどを入れてあげると猫が安心します。

CHECK

外出時にそろえたいもの

- ☐ キャリーバッグ
- ☐ 首輪
- ☐ トイレ
- ☐ フード・水
- ☐ おもちゃ

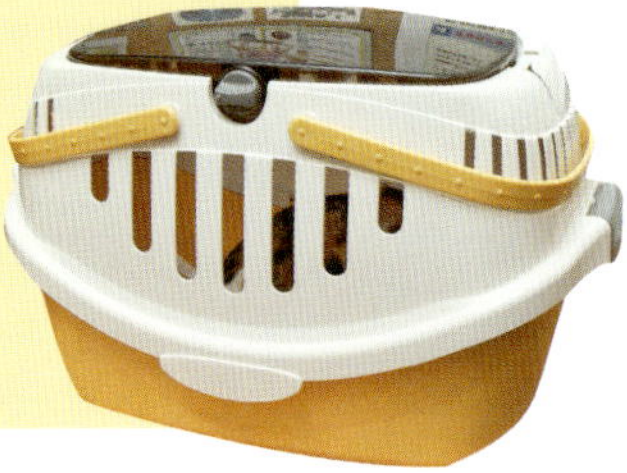

長距離の外出には、外から受ける刺激が少ないハードタイプのキャリーバッグがおすすめです。おくびょうな猫には、外が見えないように、布などをかけてあげてもよいでしょう。

ここも知りたい！

いきなり長距離の旅行に同行させても平気？

猫との外出には訓練が必要です。いきなり遠出することは避け、まずは動物病院への往復や、キャリーバッグへ入れて近所を歩くことからスタートしましょう。猫が平気なようなら、車での移動、公共の乗り物へとじょじょにチャレンジしてください。

外出先では、猫を無理やりキャリーバッグから出すのはNG。自ら出てくるのを待って。

乗り物を利用するときのPoint

バス タクシー

バスの場合、バス会社によって料金が異なりますが、無料のところが多いようです。ただし、深夜バスは乗車不可が多いので注意しましょう。また、ラッシュ時には乗車を拒否されることもあります。最後列などほかの乗客のじゃまにならない場所に座り、キャリーバッグはひざの上に乗せましょう。

タクシーの場合、とくに規定はなく、追加料金はかかりません。乗車前に猫がいる旨を運転手さんに伝え、了解を得るのがマナーです。

電車

料金やルールは鉄道会社によって異なります。事前に利用する鉄道会社に問い合わせましょう。猫はキャリーバッグに入れて、ひざの上に乗せます。また、周囲の迷惑や猫のストレスを軽減するために、ラッシュ時は避けましょう。

飛行機

国内線、国際線とも超過手荷物扱いで貨物室でのあずかりになる場合がほとんど。料金は航空会社によって異なります。基本的に、到着まで食事や水をあげることはできません。

とくに気をつけたいのは、海外に行く場合です。出国時、帰国時には検疫を受ける必要があるほか、国によって入国条件も異なります。猫が入国できない国もあるため、事前に問い合わせをしましょう。

電車を利用するときのルール

料金 JR線の場合、手回り品扱いで料金は270円。私鉄や地下鉄は、会社によって異なるので問い合わせを。

キャリーの大きさ JR線の場合、長さ70㎝以内、縦横高さの合計が90㎝以内のケースに入れ、ケースと動物をあわせた重さが10kg以内。そのほかの鉄道会社も、JR線と同様のルールを守れば、ほぼ問題ありません。

乗り物酔いが心配なら事前に対策を!

酔い止め薬を病院で処方してもらう

はじめて乗り物に乗るときや胃腸が弱い猫は、乗り物酔いをすることがあります。心配なら動物病院でペット用の酔い止め薬を処方してもらいましょう。

外出の前は食事させるのを控える

胃の中に食べ物が残っていると酔いやすくなります。吐いてしまうこともあるので、車に乗せる前は食事をさせるのは控えましょう。

自家用車での移動なら、途中で休憩をとる

長時間の移動なら、定期的に休憩をとりましょう。窓を開けて換気してあげるのもおすすめ。ただし、窓を開けるときは猫をキャリーバッグから出さないように。もちろん走行中も猫をキャリーバッグから出すのはやめましょう。

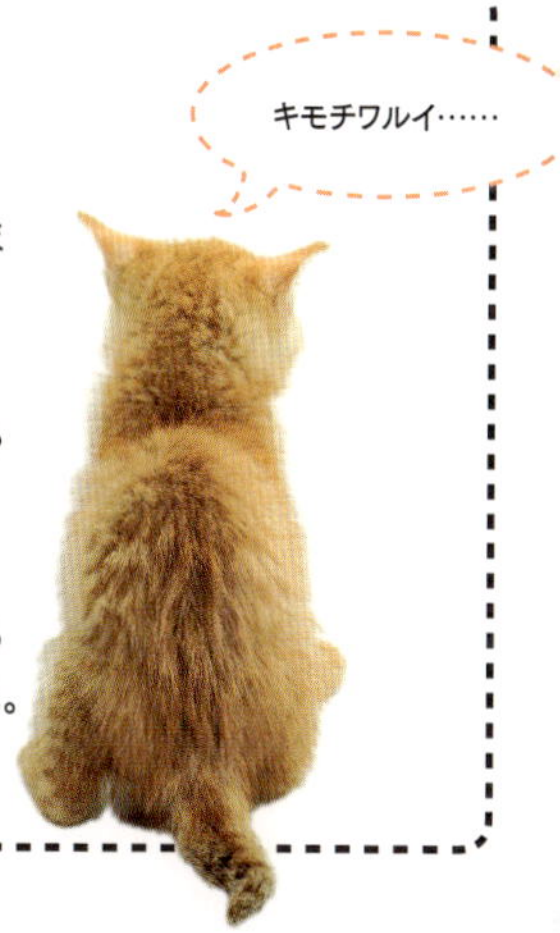

災害
Disaster

災害が起こったら

災害シミュレーションが愛猫を守る

災害はだれの身にも起こりうるもの。あなたは、災害時に身を守る方法、また被災者となったときの行動を考えたことはありますか？　猫を連れての避難はさまざまなトラブルが予想されます。避難後の生活のことも視野に入れて災害対策を考えておく必要があります。

日本最大級の地震、東日本大震災では、避難指示区域に数万匹ものペットが残されていたと予想されます。また、避難所や仮設住宅では被災者どうしのトラブル回避や衛生面の問題からペット同伴を禁止したところもあり、ペットと暮らすために危険な自宅に留まる人や、やむなくペットを家に置いてきた人もいたそうです。愛護センターや保健所では同伴できなかったペットの受け入れも行っていますが、収容数には限度があります。災害時はペットを連れて避難するのが通例ですが、実際の災害の前ではペット対策が後手にまわってしまうなど、ままならないことが多いのも事実なのです。

そんななかで愛猫を守るためには、どこへ避難し、ペットの受け入れがダメだったときはどうするかなど、具体的な災害シミュレーションを家族で話しあい、それにともなう準備をしておくことが大切です。とくに多頭飼いの場合は、すべての猫をスムーズに避難させる方法を考えておきましょう。また、非常時においては、飼い主とともにいることが猫の幸せとは限りません。親戚や友人など、一時あずかってくれる人を探しておくのも一案です。

ふだんからの備えが、愛猫の安全、さらには命までをも左右します。

災害が起こる前に

情報収集をしておく

自宅近くの避難所や給水所を確認しておきましょう。家から避難所へのルートは何とおりか頭に入れておくとよいでしょう。また、ペットの災害対策は自治体により異なります。居住地域での災害時の動物救護対策を確認しておけば、災害に備えて準備しておきたいことが具体的に見えてくるでしょう。

猫用の非常持ち出し用品を用意する

災害時には非常持ち出し用品のほかに、猫をキャリーバッグに入れて運ばなくてはなりません。猫用の非常持ち出し用品は、人間用の持ち出し袋の中に入る分量を絶対条件とし、必要最低限なものにとどめておきましょう。

猫が逃げこむ場所を把握しておく

猫は具合が悪いときやパニックになったとき、安全だと思える物かげに隠れてやりすごそうとします。スムーズに避難するためにも、猫がいつも逃げこむ場所を把握しておきましょう。ふだんから「キャリーバッグ=安心できる場所」として慣らしておくのも一案です。

ワクチン接種などをしておく

避難時には猫も集団生活を強いられます。病気予防のためにも、ワクチン接種やノミ・ダニの駆除はしておきましょう。万が一はぐれてしまったときや集団生活でのストレス軽減を考えるなら、避妊・去勢手術をしておくのも愛猫を守るひとつの方法です。

猫に迷子札をつけておく

災害時は人も猫もパニック状態におちいりがち。ふだんは脱走しない猫でも少し目を離したすきに逃げ出したり、不注意ではぐれてしまったりすることも。もしものときに備え、迷子札をつけておきましょう。

迷子札に書くこと ➡ 74ページ

CHECK

備えたい非常持ち出し用品

- ☐ **フード・水**
  3日分ほど用意しておきましょう。救援物資としてペットフードが届くようになるまでは数日かかります。
- ☐ **療法食や常用薬**
  災害後しばらくは、薬が手に入らないなどのトラブルも考えられます。服用中の薬は優先して持ち出しましょう。
- ☐ **猫の写真や健康状態がわかるもの**
  猫の写真は猫とはぐれてしまったときに、健康状態を記したものは猫をあずけなくてはいけなくなったときに役立ちます。

⚠ 避難後は周囲へのマナーと猫の健康に気をつけて

避難所には多くの人が集まります。そのなかには猫嫌いな人や猫アレルギーの人もいるかもしれません。それぞれの事情をもつ人たちのなかでうまく折りあいをつけて生活していくためには、まず飼い主さんがほかの人の立場を理解することが大切です。最初に猫がいることを伝え、苦手な人やアレルギーをもつ人とはできる限り距離をとる、抜け毛や排せつ物の処理はしっかり行う、食事中は猫といっしょに外に出るなど、積極的に避難所での飼育ルールをつくっていきましょう。

一方、避難所での生活は猫にとっても大きな環境の変化。ストレスで体調を崩すこともあります。食欲不振やせき、嘔吐などの症状が出たら獣医師に相談を。東日本大震災では、物資不足でトイレ砂が手に入らず、3日間排尿できない猫もいたそうです。災害対策のひとつとして、日ごろから猫をいろいろな人や環境に慣らしておくことも大切かもしれません。

しつけ
Discipline

困った行動の対処法

猫のしつけに体罰は厳禁。困った行動をさせない工夫を

猫のしつけは、タイミングが重要。いたずらをした瞬間に「コラッ」などと大きな声を出すのは、驚かしてやめさせるという意味では効果的です。しかし、時間がたってから叱ったり、いい聞かせようとお説教をしても、意味がありません。いたずらの瞬間に居あわせたときだけ、叱りましょう。

困った行動を防ぐいちばんの対策は、猫にその行動をさせない工夫をすること。そして、叱るよりもほめることです。乗ってほしくない場所から降りたらほめる、キャリーバッグに入ったらほめる。そうすることで、猫と飼い主さんの信頼関係もより一層深まるはずです。

猫のしつけ方のPoint

1 猫のしつけは根気が必要

猫のしつけで大事なのは、根気！ ダメなこととよいことを明確にしましょう。たとえば、乗ってほしくない場所に乗ってしまうなら、毎日させない工夫、気をそらす工夫をしつづけます。「昨日はダメだったけど、今日はいいか」ではいけません。よい日とダメな日が混在しては、飼い主さんが猫に不信感をもたれてしまいます。

2 体罰は猫との関係を悪化させる

猫はなぜたたかれたのかわからず、飼い主さんに対して不信感や恐怖心をもつだけです。体罰は絶対にやめましょう。とくに子猫の場合、たたかれたことで人間に対しておくびょうになったり、反対に暴力的になるおそれもあります。ちなみに、たたくふりもたたかれた経験のない猫にはなにをしたいのかわからないので効果がありません。

3 反応するのはかまってあげたことと同じ

猫が困った行動をしたとき、騒ぐのは逆効果。猫にとっては飼い主さんにかまってもらえたことになり、その行動は「いいこと」として認識される可能性があります。いいことがあると猫はやめようと思いません。困った行動をしたときは、極力無反応を心がけましょう。猫に、その行動をしてもいいことがないと覚えてもらいます。

4 ほめるときはオーバーに！

オーバーにほめたり、好きなおもちゃで遊んであげたりしてごほうびをあげることも大切です。ほめるときは、ほめ方にメリハリをつけましょう。ふだんから猫をほめてコミュニケーションをとることは大切ですが、困った行動を回避できたときは猫がいちばん好きなおやつを与えるといったように、とびきりのごほうびを用意します。

case 1 乗ってほしくない場所に乗る

猫が乗ると危ない場所もあるので、乗らせない対策をしよう

火を使うキッチンや人の食べ物が並ぶ食卓など、猫が乗ると危ない場所はあります。事故が起こる前にしつけをしましょう。猫に「乗ってはダメだよ」といってももちろん通じないので、乗らせないように工夫をすることがいちばんの対策です。さらに乗ってしまったときのため、飼い主さんがやったとわからないように、猫を驚かすしかけをつくりましょう。

対策 1
乗ってほしくない場所には乗れない工夫を！

猫は乗れるスペースがあると思うから、そこに飛び乗ります。最初から「ここには乗れない」と判断すれば、乗ろうとはしません。乗ってほしくない場所が、棚やタンスの場合は、その上に猫が乗れないくらいものを置いてスペースをなくしてしまうのはよい方法です。

対策 2
乗ると足もとが崩れたり音が出るしかけで驚かす

乗ったら足もとが崩れたり、落ちたら大きな音がするものを置いておき、猫が飛び乗った振動で落ちるようにします。この場所に乗ると怖い思いをすると学ばせましょう。「天罰方式」といわれるしつけ方で、飼い主さんと悪いことが結びつかないため、猫との関係は悪化しません。

対策 3
乗る前に気づいたらおもちゃで気をそらす

猫が乗ろうとしているのを見つけたら、おもちゃなどで気をそらし、乗せないようにします。つづけているうちに、猫に「その場所に乗らない習慣」ができるはず。また、乗っているのを見つけたときも、おもちゃなどで気をひいて、自ら降りてくるのを待ちましょう。

家族間や日によって対応が違うと効果がない！

乗ってほしくない場所に猫が乗ったときの対応は、一貫していますか？　日によって飼い主さんの態度が変わると、猫はその行動がよいことなのか悪いことなのかわかりません。同様に、居あわせた家族によって対応が違うのも問題です。家族間で対応が一貫しているか、確認しましょう。また、その場所から猫を抱っこして降ろすのも、かまってあげたと同じことです。無反応を続けるか、おもちゃで気をひき、自ら降りてくるのを待ちましょう。そのままいっぱい遊んであげて、「降りたらよいことがあった」と思わせます。

case 2 キャリーバッグに入るのをいやがる

ふだんからキャリーバッグにふれさせて慣らす

動物病院へ行くときなど、キャリーバッグに入れなければいけない機会は必ずありますが、キャリーバッグに入るのをいやがる猫は多いもの。慣らすためには、「キャリーバッグはお出かけするときに入る特別なもの」という猫の意識を変えなければいけません。猫にとってキャリーバッグの中が、落ち着ける空間になるよう工夫をしましょう。

対策 1
ふだんから部屋に出しておく

お出かけするときにだけキャリーバッグを出してくるようでは、猫が警戒します。ふだんから部屋のすみにキャリーバッグを出しておき、猫が自由に出入りできるようにしましょう。

対策 2
キャリーバッグの中を猫の生活スペースに

中でごはんをあげたり、猫のにおいがついたタオルなどを入れて、キャリーバッグの中を猫の生活スペースにするのも手です。好きなおもちゃを入れてあげるのもよいでしょう。

ここも知りたい!

病院に行くのをいやがるのは、どうしたらいい?

キャリーバッグに入るのをいやがる子は「キャリーバッグ＝動物病院」の図式ができあがっているのかもしれません。猫は知らない場所に行くのを怖がります。とくに病院は、知らない人や動物に囲まれ、注射で痛い思いをしたりするので嫌いな子も多いでしょう。猫が痛い思いをする治療時だけではなく、ふだんから爪切りや健康診断などで病院に行き、雰囲気や先生に慣れさせましょう。また、診察時に怖がってキャリーバッグから出てこない子は、入ったままで診察を受けられる上開きのキャリーバッグを使うのがおすすめです。

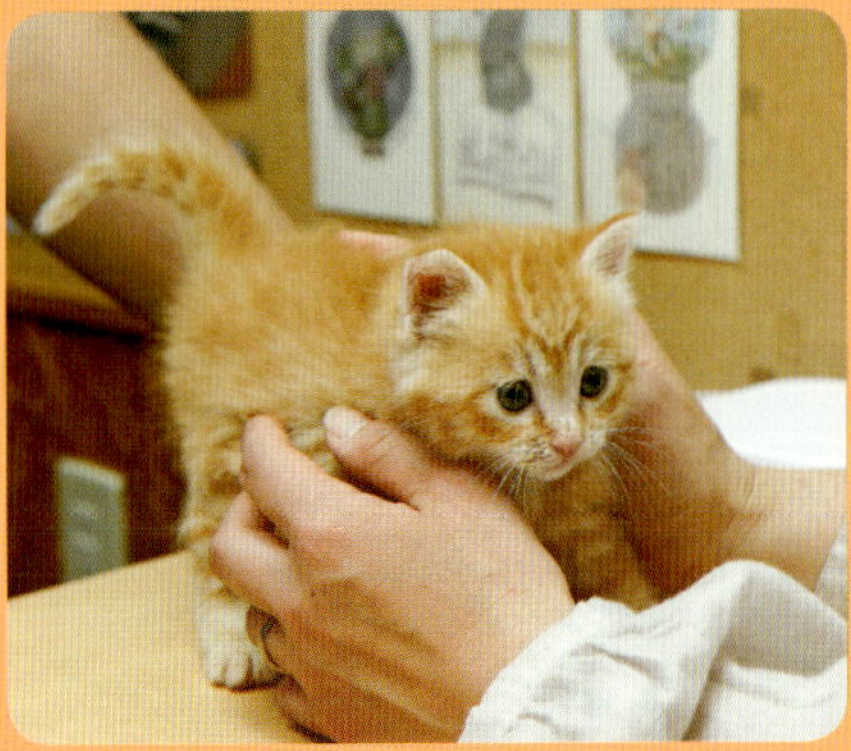

case 3 朝、起こされる

ニャーニャー
（起きてー）

一度でも要求に応えてしまうと その後も起こしに来るように!

一度要求に応じてしまうと、猫は「騒げば○○してもらえる」と学習します。要求には一度も応えないことが重要なのです。

ごはんをもらいたくて起こしに来る場合は、寝室を別にしたり、自動給餌器を使うのもよいでしょう。

対策 頑として要求に応えない

「こんなに騒いでも○○してもらえない」と猫に覚えさせるためにも、要求には最初から応えないことが大切。一度○○をしてあげたのに、そのあとしてあげなくなったら、騒ぎ方がさらに増すかもしれません。

にゃーお
にゃーお

困らない要求には たくさん応えてあげて!

すべての要求に応えなければいいというものではありません。猫と飼い主さんの信頼関係を壊さないためにも、「いっぱい遊んで」「もっとなでて」といった猫として当然の要求には、できるだけ応じてあげましょう。

case 4 盗み食いをする

猫が食べると危険なものも! 届かない場所にしまおう

キャットフードの盗み食いならまだしも、人の食べ物のなかには猫が食べると危険なものもあります。棚にしまっていても自分で開ける猫もいるので、しっかり対策をしましょう。

人の食べ物は与えないに越したことはありません。

対策 2 ゴミ箱や棚は ストッパーをつける

棚や引き出しを自分で開けてしまう場合は、ストッパーをつけましょう。ゴミ箱をあさる場合は、フタつきのものにかえるのがおすすめです。

生ゴミ

対策 1 食べてしまいそうな ものは片づける

なかにはタオルやくつ下などを食べてしまう猫もいます。キャットフードや人間の食べ物に限らず、がびょうやピンといった小物、観葉植物や洗剤など、猫が誤食する危険があるものは最初から猫が届く場所に置かないようにしましょう。飼い主さんが片づけを徹底すれば、盗み食いはできません。

新入り
New face cat

2匹目を迎えるとき

2匹の相性や対面のさせ方に注意して迎えよう

2匹目を迎える理由が、「猫がひとりだとさびしそうだから」だとしたら、もう一度よく考えてみましょう。猫はもともと単独で生活をしていた動物。そのうえ1日の大半は寝ています。猫にとってひとりでのんびり暮らしていたところに新入り猫がやってくるのは、大きな環境の変化をもたらします。仲よくならなかったとき、別々の部屋で飼いつづけることが可能なのかもあらかじめ考えてください。

そのうえで2匹目を迎えると決めたなら、2匹の相性や対面のさせ方に気をつけて迎えましょう。相性がよい相手を迎えれば、先住猫にとって、もっと楽しい毎日になるかもしれません。

2匹目を飼うときのPoint

1 先住猫の性格やかかるストレスをよく考える

人間と同じように、猫にも相性があります。相性がよければよい遊び相手になりますが、相性が悪いとケンカが絶えないということも。まずは、先住猫の性格を考えてみましょう。好奇心旺盛で遊び好きなら、比較的新しい猫を受け入れやすいでしょう。逆におくびょうな猫だと、大きなストレスを受けるかもしれません。

2 迎えたあとは先住猫を優先する

新入り猫を迎えたばかりは、ついそちらにばかり目がいきがちですが、それでは先住猫がやきもちをやきます。2匹目を迎えたら、つねに先住猫を優先してあげることを忘れずに！ ナーバスになっているときなので、食事を先にあげたり、抱っこや遊びも先住猫を優先し、今まで以上にかわいがってあげましょう。

3 先住猫、新入り猫とも若いうちに迎える

多頭飼いをするなら、先住猫、新入り猫とも子猫のうちに迎え入れるのがいちばんよい方法といえます。きょうだいの子猫を2匹同時に迎えるのもよいでしょう。逆にもっとも悪い組み合わせは、高齢猫を飼っているところに子猫を迎えること。高齢猫にとって元気な子猫がじゃれてくるのは負担が大きく、避けたい組み合わせです。

4 ゆずり受けるときはお試し期間を設ける

性別や年齢によって相性があるとはいっても、猫の性格によるところが大きいので、実際の相性は会わせてみるまでわかりません。ケンカが絶えない関係は、先住猫、新入り猫、飼い主さん、みんなにとってつらいもの。可能なら、もとの飼い主さんに1～2週間ほどの「お試し期間」をつくってもらい、2匹の相性を観察しましょう。

猫の相性

猫の相性は、その猫の性格によるところが大きいため、「絶対にケンカはしない」といい切れる組み合わせはありません。ですが、ある程度の相性は、猫の年齢や性別から予想できます。猫のストレスを軽減するためにも、なるべく相性のよい相手を探してあげましょう。

比較的よい組み合わせ

先住猫 × 新入り猫

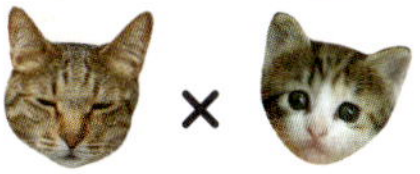
親猫 × 子猫

◎ 飼い猫の場合は、ずっと親子関係がつづくので、仲よくできる組み合わせです。

子猫 × 子猫

◎ 子猫どうしはよい遊び相手になるでしょう。性別に関係なく、仲よくなる可能性大。

成猫 × 子猫

○ 比較的うまくいく組み合わせですが、子猫ばかりかわいがらないように注意して。

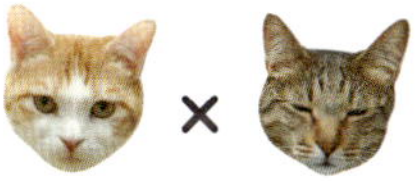
成猫メス × 成猫オス

△ 比較的トラブルが少ない組み合わせ。子猫を産ませる予定がないなら避妊・去勢手術を。

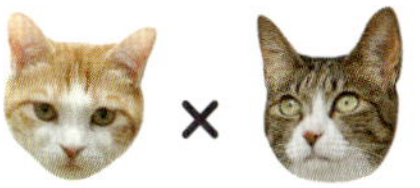
成猫メス × 成猫メス

△ メスはなわばり意識が薄いので、比較的トラブルが少ない組み合わせです。

トラブルになりやすい組み合わせ

成猫オス × 成猫オス

× オスはなわばり意識が強いためケンカが起きやすく、あまりおすすめできません。

高齢猫 × 子猫

× 高齢猫にとってやんちゃな子猫はストレスの原因になるおそれも。避けましょう。

先住猫と新入り猫が仲よくできないときは……

目をあわせると威嚇しあい、ケンカが絶えないようなら、いっしょに飼いつづけるのは難しいでしょう。別室で飼う、新しい飼い主さんを見つけるなどの対応をしなければなりません。2匹目を迎えるときには、こういったリスクも考えておく必要があります。そのためにも、お試し期間を設けることが大切です。

いっしょに遊んだりはしないけれど、つかず離れず、干渉せずの関係を築いているようなら、同居は問題ありません。

先住猫と新入り猫の対面のさせ方

先住猫と新入り猫がよい関係を築くためには、最初の対面のさせ方も重要です。下記のステップでじょうずに対面させましょう。猫がお互いに威嚇しないようなら次のステップへ進み、興奮がおさまらないようならその日は中断。翌日にまた1からやり直します。対面させるときは、とくに先住猫にストレスを与えないよう気をつけましょう。

1 お互いの姿が見えないよう新入り猫を隔離する

2匹目を迎えたら、いきなり対面させるのはNG。まずは新入り猫をキャリーバッグやケージに入れ、布などで姿が見えないようにしましょう。姿が見えなくても、においや物音でお互いの気配を察知します。

2 キャリーバッグやケージ越しに先住猫と対面させる

新入り猫はキャリーバッグに入れたまま対面させます。最初はお互いに威嚇するかもしれませんが、しばらくすればおさまるはず。ずっと興奮しているようならその日は中止して、翌日再度チャレンジしましょう！

3 新入り猫を抱っこして先住猫ににおいを嗅がせる

2匹の興奮がおさまったら、飼い主さんが新入り猫を抱っこし、先住猫ににおいを嗅がせます。先住猫の気がすむまで自由に嗅がせてあげて！ お互いに威嚇しあうようなら、一旦中止し、翌日 **1** からやり直します。

4 先住猫、新入り猫とも自由にさせる

最後に新入り猫も自由にします。2匹とも落ち着いているようなら対面は成功。しばらくはケンカをしないかようすを見守ってください。1時間で成功する猫もいれば、数日かかる子もいます。あせらずに進めてください。

お互いに落ち着ける場所を用意して

多頭飼いでは、それぞれの猫が安心して眠れたり、逃げこめたりする場所をつくります。せまい場所が好きな猫、高い場所が好きな猫、好みは猫の性格で異なるので愛猫がくつろげる場所を把握しましょう。また、トイレも猫の数だけ、できればさらにプラス1個、用意するのが理想です。数が少ないと衛生的でないばかりか、猫が使わなくなることもあります。

新入り猫を迎えました！

現在4匹の猫がいっしょに暮らしている飛田さん家のいちばんの新入りはふわふわの黒猫COCOくん。まったく性格が違う猫たちが、仲よく楽しく、同居生活を満喫しています。

多頭飼い うちの家の場合

KIKIちゃん（2才）

COCOくん（3か月）

RUIくん（2才）

HINAちゃん（1才）

ココくんが来たばかりのころは威嚇していたキキちゃんですが、今ではココくんのお母さん役。お世話をしたり、遊び相手になってあげたりと、大忙しです。

ルイくんは、キキちゃんのことが大好きでいつも近くにいるそう。でも、ココくんが来てからはちょっと遠慮気味になったとか。

ココくんは、遊ぶのが大好きでとにかくやんちゃ！　やや人見知り猫ヒナちゃんには、残念ながらほぼ会えず……でした。

個性豊かな4匹の猫たち、お互いがよい関係を築いています

最初に飛田さん家にやってきたのはキキちゃん。生後3か月でした。そして、キキちゃんの遊び相手にと、同じく生後3か月のルイくんを迎えます。

どのように2匹を対面させたのかうかがったところ、「はじめはルイをケージに入れてキキと対面させて、その後ルイを抱っこしてにおいを嗅がせるようにしました」とのこと。ヒナちゃんやココくんのときも同じようにしたそうです。そうすることで、先住猫たちはゆっくりと新入りさんに慣れていけたんですね。

猫たちの関係はどうなのでしょう？「仲がよい子もいれば、適度な距離感をもって接している子もいます。大きなケンカをすることもなくうまくやっていますよ」。

猫といっしょにいられる時間がなにより幸せだという飛田さん。4匹の猫たちのおかげで、その幸せも「×4」なんですね。

猫の妊娠と出産

生まれてくる子猫に責任をもてるか考える

飼い猫に子どもを産ませたいと思ったら、まずはお見あいです。猫の交尾はメスに主導権があり、どんなオスでもよいというわけではありません。子猫のうちからオス・メスいっしょに飼い、自然にまかせるのがいちばんです。それが難しい場合は、発情したメスをオスの自宅に連れて行くといった方法があります。

子猫を産ませるということは、飼い主さん側にも金銭面や育児環境を整えるといったフォローが求められます。猫は一度にだいたい3~6匹の子猫を産みますが、すべての子猫を責任もって飼うことができるのか、里親を探すことができるのか、よく考えてから産ませましょう。

妊娠

猫の妊娠期間は約2か月。交尾後3週間くらいで、妊娠の兆候が見られるようになるので、そのタイミングで一度動物病院へ連れて行き、検診を受けましょう。妊娠1か月ごろになると子猫の数がわかるので再度検診を。

妊娠中の変化

2か月
おなかが大きく目立つように。生殖器を盛んになめ、落ち着きがなくなります。出産直前は食欲が減退し、乳首から母乳が出ることも。

1か月
食欲がさらに増し、通常の倍くらい食べるように。胎児が大きくなるにつれ膀胱が圧迫されるのでオシッコの回数も増えます。

3週目
妊娠の兆候が見てわかります。食欲が旺盛になり、乳首がふくらみピンク色に。おなかのふくらみもじょじょにわかるようになります。

妊娠中の食事について

妊娠中の猫は、胎児の分も栄養をとらなければならないので、必要カロリー量は通常の約2倍。良質なたんぱく質を多くとる必要があるなど、必要な栄養素も変わります。妊娠中の猫用フードを与えるとよいでしょう。

出産

猫は出産間近になると安心して出産できる場所を探すので、それまでに出産箱を用意しましょう。いざ陣痛がはじまったら、基本的に手出しは厳禁。ただし、難産になる場合もあるので母猫のようすがわかる場所で見守ってください。ようすがおかしいと思ったらすぐに獣医さんに電話を。

出産のようす

母猫が横になれる大きさのダンボールを用意し、簡単にまたげるよう、図のように切ります。次にダンボールの底にペットシーツを敷き、その上にタオルとちぎった新聞紙を重ねます。

⚠ 陣痛が長くつづく場合

陣痛が1時間以上つづいている場合は、産道に赤ちゃん猫がつかえている可能性があります。すぐに動物病院へ電話して指示を仰いでください。

⚠ 子猫が仮死状態で生まれたら

顔の羊水を拭いたら、両手で子猫の全身を包み、軽く振ります。産声をあげたら問題ありません。あわてずに対処をしてください。

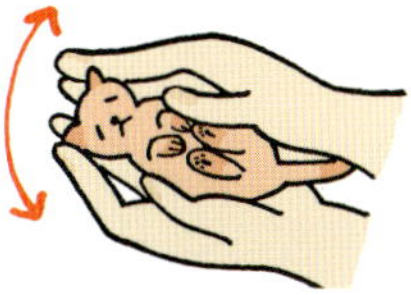

1 落ち着きがなくなる

そわそわし出し、呼吸が激しくなります。出産箱の中をかきまわしはじめたらいよいよ出産。

2 陣痛がはじまる

体を伸ばし、いきみ出します。優しく声をかけながら、猫のようすを見守りましょう。

3 第一子が誕生する

陣痛がはじまってから30分ほどで第一子が誕生。母猫が子猫を覆う透明な膜をやぶりとると、その刺激で子猫が産声をあげます。

4 産後の始末をして授乳

母猫が分娩後に出てくる胎盤を食べ、へその緒をかみ切ります。さらに子猫の体をなめてきれいに。子猫は母猫の乳首を探して吸いつき、授乳開始。

5 陣痛→出産をくり返す

分娩が順調なら、陣痛と出産をくり返し、約15分おきに子猫が生まれます。出産が終わったら、母猫にごはんをあげて。

お世話
Care

お世話Q&A

食事の疑問

Q 市販のキャットフードより手作り食のほうがいいの？

A 猫に必要な栄養をすべて含む手作り食を飼い主さんが毎日作ってあげるのは、大変難しいことです。使ってよい食材の知識や栄養学を知っていなければ作ることはできず、安易に与えると猫の健康を害するおそれもあります。主食にはやはり「総合栄養食」をあげましょう。

Q 食欲があるときとないときがあるのは？

A 猫はもともと、獲物が捕れた日は食べて、捕れなかった日はがまんするという「むら食い」の食生活を送っていました。たくさん食べたあとは食べなくても平気なように体ができているのです。現代の猫にもその習性が残っているため、食欲旺盛な日もあれば、あんまり食べない日もあるというわけです。

食欲がないときは、フード皿の横をカリカリすることも！

猫がフード皿に砂をかけるようなしぐさをすることがあります。これは、フードが気に入らないということではなく、「今、食べたくない」というサイン。野生時代、猫は獲物を砂に埋めて隠していました。その習性から、今でも猫は食欲がないときはフード皿の横をかいて隠しているつもりになっているのです。もちろん実際は砂がないので、フード皿をひっくりかえしたり、なかにはお皿の近くにあったタオルやスリッパをかぶせたら満足！ という猫も。

Q 人のコップから水を飲むのをやめさせられない？

A 猫はもともと砂漠出身の動物です。水が少ない地域で暮らしていたため、水を見つけたら飲んでおこうと思うのでしょう。猫用の水容器の数を増やせば、もしかしたらコップから飲まなくなるかもしれませんが、猫が気に入っている特定のコップがあるのなら、そのコップは猫にとって高さなどがちょうどよく飲みやすいということです。コップも猫の水容器として活用するのがおすすめです。

ただし、同じコップを人と併用するのは、衛生上よくないのでやめましょう。

Q 猫が食べても平気な野菜はある？

A 野菜好きな猫はまれにいますが、基本的に猫は野菜を食べなくても生きていけます。どの野菜も与えすぎはよくないので、与えるなら大さじ1杯を限度にしましょう。

猫が食べても比較的安全とされている野菜は、キャベツ、レタス、白菜、ブロッコリー。豆類なら大豆やグリンピース。いずれも少量なら大丈夫でしょう。

猫が食べると危険な野菜とくだもの

猫が食べると危険な野菜やくだものは数多くあります。ここで紹介するのがすべてではないので、与える場合は安全なものか十分に確認してください。

野菜

- ニラ
- ネギ
- タマネギ
- アスパラガス
- ラッキョウ

ユリ科の野菜は、貧血や腎不全の原因になって大変危険です。

- ホウレンソウ
- 小松菜

シュウ酸を多く含むため、尿結石ができやすい食品。

- サトイモ
- ヤマイモ

灰汁抜きが必要な野菜。大きな毒性はありませんが、猫の消化管は野菜を消化する構造をしていないので、下痢を起こします。

くだもの

- りんごのタネと葉
- さくらんぼの果実
- あんずのタネ
- ももの果実

シアンという物質が含まれるため、大量に摂取するとめまいが起こることがあります。

観葉植物を置くときは、置き場所に注意を。

Q 猫が食べてはいけないものを食べてしまったら？

A 猫は警戒心が強い動物です。そのため、犬とくらべると誤食はあまり多くありません。ですが、ひもで遊んでいてそのままかみ切り、飲みこんでしまったりすることもあります。誤食したものによっては開腹手術が必要になるので、日ごろから猫が飲みこむ可能性のあるものは片づけましょう。

猫が誤食したことに気づいたら、すぐに病院へ電話して指示を仰ぎます。応急処置ができるならして、すみやかに病院へ。洗剤や薬品などは含まれている成分によって処置が変わるため、誤食した製品もいっしょに持って行くことを忘れずに。また、飼い主さんが知らない間に食べていて、排せつされたのを見て誤食に気づくこともあります。どれくらいの量を食べたのかわからないので、出てきたからと油断せず、病院で診察を受けたほうが安心です。

トイレの疑問

Q 猫が排せつ物に砂をかけるのはなぜ?

A ネコ科の動物であるトラやライオンには、排せつ物を隠すという習性がありません。むしろ、目立つ場所にウンチを置いておき、なわばりを主張することのほうが多いのです。ではなぜ猫は排せつ物に砂などをかけて隠すのでしょう? それは野生時代、獲物や外敵に自分のにおいを悟られないため、排せつ物を隠していたからだと推測されます。現代の猫にもその習性が残っているのです。しかし、その割にはウンチが隠れていなくても平気でかくふりだけする猫も……。隠すためというより、排せつ後は、かかないと落ち着かないからというほうが、猫の気持ちとしては近いのかもしれません。

Q トイレ前後にする猛ダッシュはなに?

A 野生時代、猫は、寝床や食事場所から離れた場所で用を足していました。その移動中は、どんな危険が待ち受けているかわかりません。気合いを入れて猛ダッシュで行き来する必要がありました。そのなごりで、なんの危険もない家のトイレを使用するときも、ついやる気を出さずにはいられないのです。

Q トイレをなかなか覚えてくれない……

A 猫のトイレのしつけは、決して難しいことではありません。数回トイレの中で排せつすることができれば、自然と「そこが自分の排せつ場所だ」と覚えてくれます。

　トイレでまったく排せつをしてくれない場合は、オシッコを拭いたティッシュをトイレの中に入れて、トイレにその猫のにおいをつけてあげましょう。自分のにおいがついていると、猫はそこが自分のトイレだとわかるようになります。

　一方、ときどきそそうをするなら、病気やマーキング、トイレ環境が猫の好みにあっていないなどの可能性があります。トイレはいつも清潔か、排せつ時に痛がったりしていないか、排せつ物のようすに異変はないかなどを確認しましょう。

そそうの原因 ⇒ 61ページ

同居の疑問

Q 赤ちゃんがいるけど、猫を飼っても平気?

A 突然大声で泣き出し、加減なくしっぽを引っぱってくる……どちらかというと「人間の赤ちゃんは苦手!」という猫のほうが多いかもしれません。逆に猫がひっかいたりかみついたりして赤ちゃんにケガをさせてしまうことも考えられます。しばらくは猫をケージに入れたり、赤ちゃんの部屋には入れないようにしたほうがよいでしょう。猫が赤ちゃんの存在に慣れてくれれば、よい遊び相手になるはずです。

ただし、すでに猫を飼っていたところに新たに赤ちゃんが加わる場合は注意をしましょう。環境が変わることは猫には大きなストレスです。これまで以上に猫をかわいがってあげることを忘れずに。

Q ほかの動物との同居はできるの?

A 左記の一覧に挙げているような、猫にとって狩りの対象となる動物は避けたほうが無難です。

小さいころから人に育てられた猫は、これらの動物を獲物としては認識しないかもしれません。ですが、小さくてチョロチョロ動く生き物を「捕えたい!」という本能はもっているため、その動物にケガをさせてしまうことがありえます。

また、犬のような、猫より大型の動物も猫にとっては大きなストレスです。猫は基本的に神経質な動物なので、猫を先に飼っている場合はほかの動物は飼わないほうがよいでしょう。ただし、子猫のうちから犬といっしょに生活している猫は、犬との生活にあまりストレスを感じない傾向があります。小さなうちは好奇心も旺盛でいろいろなものを受け入れやすいので、犬を飼うのであれば猫が小さいうちから飼うほうがよいでしょう。

⚠ 猫との同居は避けたほうがよい生き物

下記のように、一般的なペットのほとんどが猫にとっては獲物と認識されてしまう可能性があるので、いっしょに飼っている場合は注意を!

- ハムスター、リスなどのげっ歯類
- トカゲなどの爬虫類
- インコ、文鳥など小型の鳥類
- 小型の観賞魚
- 昆虫

小さいころからいっしょに飼えば、仲よしになれます。

そのほかの疑問

Q マンションで猫を飼うときの注意点を教えて！

A 世の中には猫が好きな人もいれば、嫌いな人もいます。また、迷惑をかけてしまうと猫好きな人を猫嫌いにしてしまうかもしれません。近隣の人に迷惑をかけないように飼いましょう。ペット可であることが大前提ですが、さらに猫がドタバタ走るようなら、防音のためにカーペットを敷くとよいでしょう。ブラッシングをするときは、室内で。ベランダなどで行うと抜け毛が飛び散ります。

またもっとも重要なのは、ふだんからのご近所づきあい。隣近所には猫を飼っている旨を事前に伝え、「うちの猫がご迷惑をかけてないですか？」と気配りをしていれば、未然に防げるトラブルも多いはずです。

Q キャリーバッグって、どんなものがいいの？

A キャリーバッグは、大きくわけるとプラスチックなどでできた「ハードタイプ」と、布などやわらかい素材でできた「ソフトタイプ」の2タイプがあります。比較的おとなしい猫なら、どちらのタイプでも慣れれば問題ありません。ただ、おくびょうな猫は、外部からの刺激が少なくて安定感があるハードタイプにしたほうが猫も安心するでしょう。

	メリット	デメリット
ハードタイプ	●家の中でハウスとして使用しやすい ●中でそそうしたり吐いたときに、掃除が楽 ●おくびょうな猫や気が荒い猫向き	●収納するときにスペースをとる ●ソフトタイプより運びづらい
ソフトタイプ	●収納が楽 ●飼い主さんのぬくもりが伝わるため暖かく、甘えん坊の猫向き	●ケガをしているときなどは、安定感がなく不向き ●汚れた場合に掃除がやや大変

Q 外にいる猫にごはんだけでもあげていい？

A 栄養状態がよくなれば、猫はそれだけ子どもを産みます。鳴き声や糞尿被害も大きくなるでしょう。それは、近隣に住む人々に迷惑をかけることにつながり、結果的に猫嫌いの人を増やす行為になるかもしれません。「おなかをすかせている猫がかわいそう」と思う気持ちはわかりますが、ごはんを与えるだけではなにも解決しません。

現在、「地域猫活動」というとり組みがあります。寄付を募りながらのら猫の避妊・去勢手術を行い、ごはんは時間を決めて与え、後片づけもしっかりする。ウンチの片づけもする。この活動は、地域の人々の理解を得て行われていて、全国で多くの人や団体が、この地域猫活動に精力的にとり組んでいます。このようなとり組みこそが、本当の意味で、猫を救うことにつながるのではないでしょうか。

CHAPTER

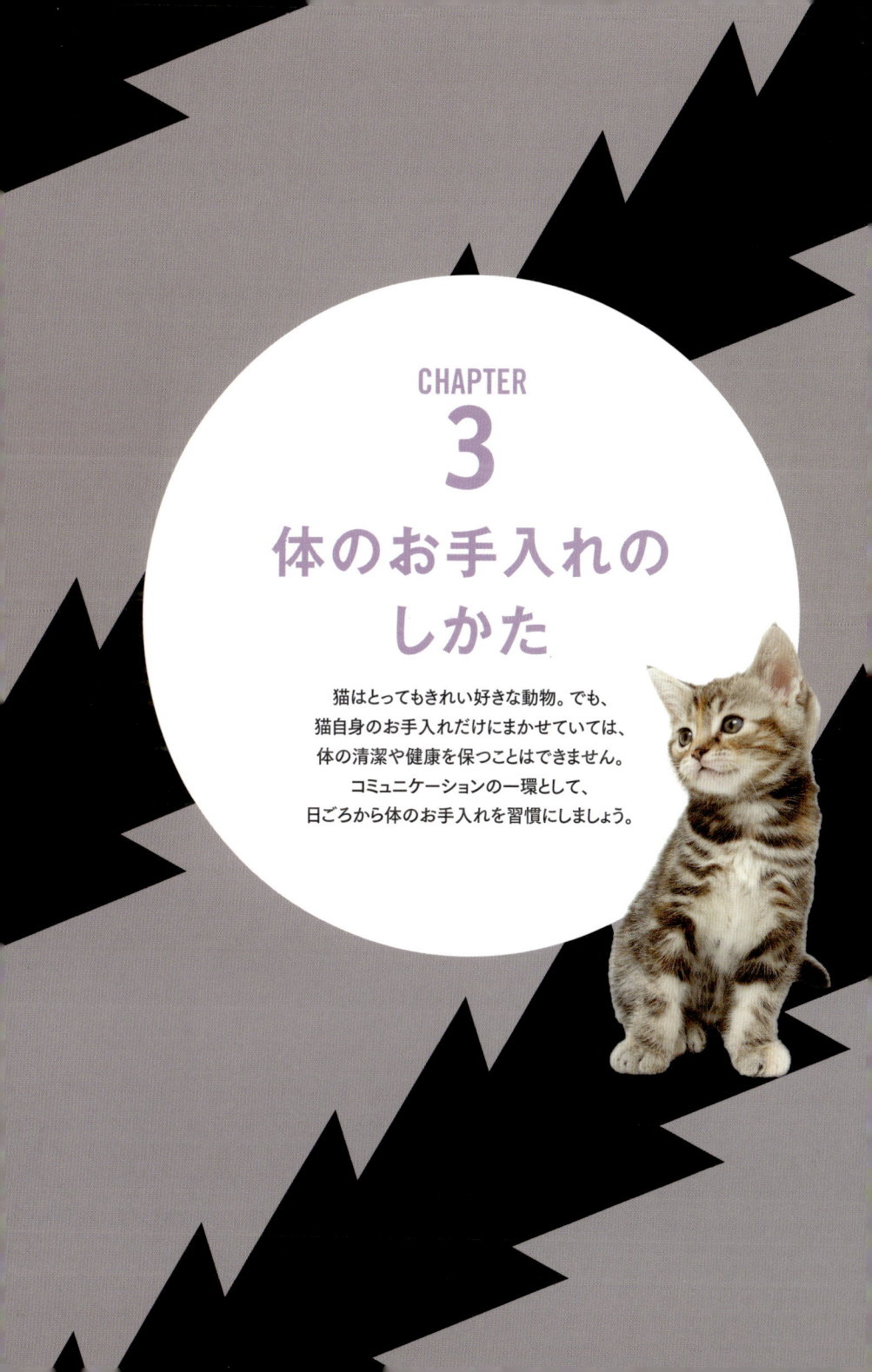

3

体のお手入れのしかた

猫はとってもきれい好きな動物。でも、
猫自身のお手入れだけにまかせていては、
体の清潔や健康を保つことはできません。
コミュニケーションの一環として、
日ごろから体のお手入れを習慣にしましょう。

体のお手入れをしよう

お手入れを習慣にして猫の体を美しく健康的に保とう

猫は自分で毛づくろいや爪とぎをするお手入れ好きな動物です。ですが、猫自身のグルーミングにまかせているだけでは不十分。猫の体がいかに柔軟といえども、顔のまわりやしっぽなど届かない場所はあります。お手入れは猫の体を清潔に保つだけではなく、皮膚を刺激して血行をよくしたり、さわることで体の異常の早期発見にもつながります。飼い主さんがしっかり体のケアを行ってあげましょう。

お手入れをする前提としてクリアしたいのは、いやがられずにさわれるようになること。猫が喜ぶさわり方ができれば、お手入れの時間は猫と飼い主さんのスキンシップの場にもなるはずです。

お手入れするときのPoint

1 子猫のうちから慣らす

お手入れは突然はじめようと思ってもうまくいきません。理想は、体験したことをどんどん吸収する子猫の時期（生後2〜9週齢の社会化期）から、体のどこをさわってもいやがらないように慣らすことです。ブラッシング、シャンプー、爪切りや歯みがきと、ひととおりのお手入れを子猫のうちから習慣づけましょう。

社会化期について ➡ 35ページ

2 猫がいやがったらすぐにやめる

お手入れの基本は、猫がリラックスしているときにはじめること。そして、いやがる素振りを見せたらすぐにやめることです。猫の限界を見極めるには、しっぽに注目しましょう。しっぽを左右に振りはじめたらイライラの初期段階だと思ってください。すぐに手を止めて猫を自由にしてあげましょう。無理につづけるとお手入れ嫌いになってしまいます。

3 おとなしくできたらごほうびをあげる

おとなしくお手入れができたら、好きなおもちゃで遊んであげたり、おやつをあげたりして、お手入れによい印象をもってもらうのも猫をお手入れ好きにする秘訣のひとつです。できなかったときに猫を叱っても効果がないばかりか、お手入れ嫌いになってしまいます。できたときにほめてあげることがポイントです。

じょうずな遊び方 ➡ 138ページ

お手入れをいやがる子には

お手入れが嫌いな猫にいきなりブラッシングや爪切りをしようと思ってもうまくいきません。まずはさわられることに慣らすことからはじめます。猫が喜ぶところをなでながら、ふだんのスキンシップの延長で行いましょう。猫が逃げたりいやがったりしなくなったら、次のステップへ。最初は「数秒できれば」というつもりで行い、じょじょに時間を長くしていきます。

1 まずは体にさわられることに慣らす

まずは猫の体や足、歯などにさわれるようになるところから。猫がリラックスしているときを狙って、気持ちいいと感じる場所をなでながら行います。足は、4本の足すべてにさわり、指を上下からにぎって爪を出す練習もしておきます。

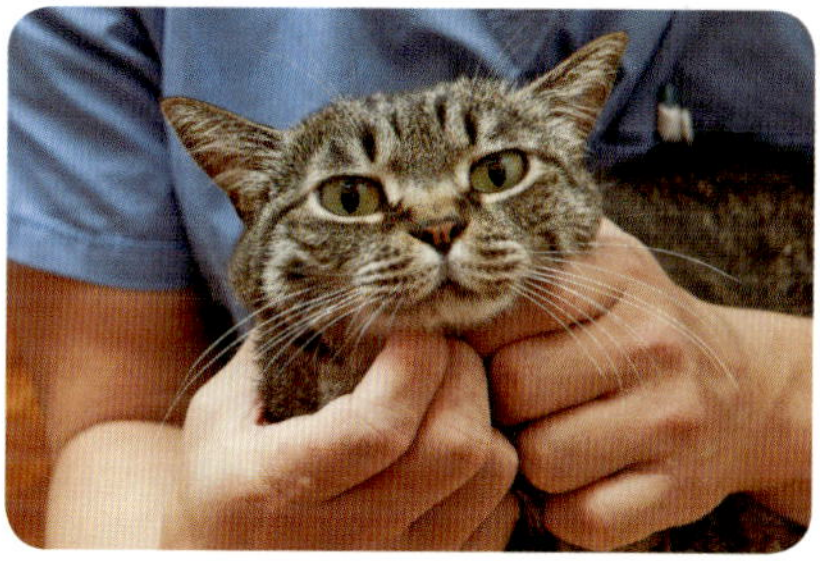

2 お手入れ道具を体に当てる

体や足、歯にさわれるようになったら、次はお手入れ道具を体にそっと当ててみましょう。**1** と同様に、猫が気持ちいいと感じる場所をなでながら行うとよいでしょう。

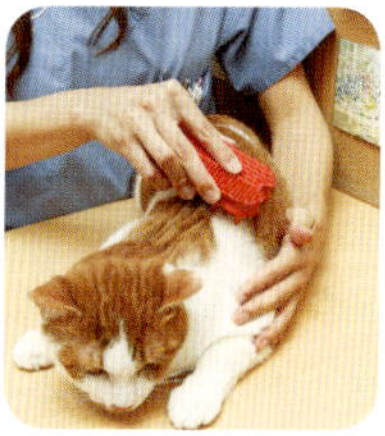

3 少しずつお手入れを開始する

お手入れ道具に慣れたら、次は実際にブラシで数回とかしてみたり、歯みがきをしてみます。爪切りの場合は、「今日は足1本分だけ」というように少しずつ行いましょう。

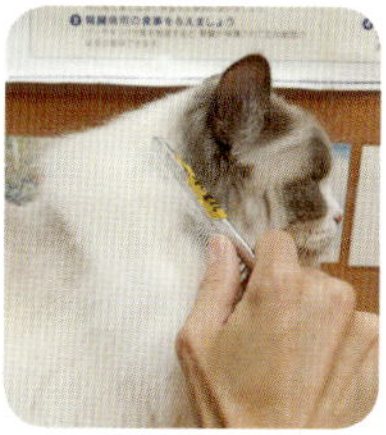

先輩飼い主さんからのアドバイス

わが家はこうしてお手入れに慣らしました!

爪切りがとにかく嫌いなうちの猫。寝ているときを狙って慣らしていきました。まずは、猫が寝ているときに1本切り、起きないようならさらに1本。起きてしまったら、また寝るのを待ちます。そうしてつづけていたら、寝起き直後だったら切っても逃げないようになり、1回で切れる本数が増えていきました。最初は全部の足の爪を切るのに4～5日かかっていましたが、今では、なんとか1日で切れるように!!

猫が気持ちいいと感じるところからさわろう

耳の後ろや背中、あごの下など猫が気持ちいいと感じるところから慣れさせます。猫が慣れてきたら、足や歯などにもさわってみましょう。さわられるのを好きにするコツは、猫がいやがる前になでるのをやめ、時間を置いてまたさわること。猫に「もっとさわってほしい」と思わせるのがポイントです。

猫が喜ぶさわり方 ➡ 135ページ

お手入れ
Grooming

ブラッシングとシャンプーで被毛のケアを

短毛猫のブラッシング

短毛猫は、週に1～2回を目安にブラッシングをしましょう。ただし春と秋の換毛期は、抜け毛が多いので毎日行う必要があります。また、手を水でぬらして猫の体をなでる方法でも抜け毛はとれるため、最初はその方法からスタートするのもおすすめです。

用意するもの

静電気防止用の霧吹き、ラバーブラシ、コームブラシを使います。ラバーブラシはとかせばとかすだけ抜け毛がとれるので、やりすぎに注意して。

方法

リラックスさせてからはじめよう!

1 静電気防止のため水を体全体にスプレーする

猫がリラックスしたらブラッシング開始。静電気防止のため水を体全体にスプレーします。顔に直接かけないよう気をつけて。

2 首からおしりに向かってラバーブラシでとかす

ラバーブラシを使い、背中からおしりに向かって毛並みにそってブラッシングします。おしりはさわられるのが苦手な猫も多いため、力を入れずにとかしましょう。

こんなにとれる!

3 おなかは抱っこしてブラッシングする

次におなかをブラッシングします。毛並みにそって優しくとかしましょう。

ふたりいれば簡単!

抱っこが難しい場合は……

抱っこが難しい場合は、うつぶせのままブラッシングを。背中の皮膚を軽く引っぱり、横からブラシを入れてとかします。

体の横からブラシを入れる

4 顔まわりや足はコームで優しくとかす

顔まわりや足はコームを使います。コームの目を皮膚に直角に当て優しくとかしましょう。顔まわりは額、耳の後ろ、ほほを、顔の中心から外側に向かってとかします。

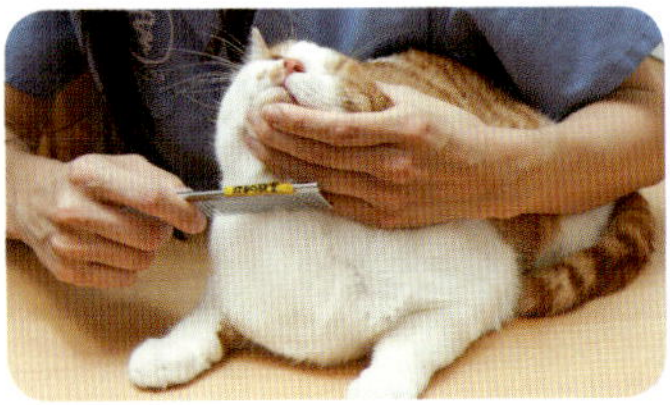

長毛猫のブラッシング

毛がもつれて毛玉ができやすい長毛猫は、毎日ブラッシングするのが理想です。毛玉ができると動くたびに皮膚が引っぱられ痛みを感じたり、毛がごっそり抜けることもあります。また、猫が自分でグルーミングをする際に飲みこむ毛の量が多いと「毛球症」という病気になる危険もあります。とくに換毛期は、丹念にブラッシングをしてあげましょう。

毛球症について ➡ 172ページ

用意するもの

静電気防止用の霧吹き、コーム、スリッカーブラシ、ピンブラシを使います。ブラシの使いわけに注意しましょう。

方法

リラックスさせてからはじめよう!

1 静電気防止のスプレーをしたらまずは目の粗いブラシでとかす

静電気防止のため水を体全体にスプレーしたら、最初は目の粗いピンブラシを使い、ざっと体全体の毛のもつれをといていきます。とかす順番は短毛猫と同様に行いましょう。

目の粗いブラシを使って!

2 スリッカーブラシで背中からおしりにかけてとかす

次にスリッカーブラシで背中からおしりをとかします。広範囲を一気にとかそうとせず、もつれているところを細かくほぐすようにブラッシングしましょう。

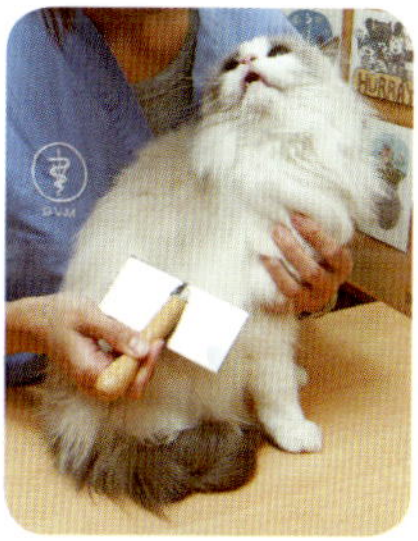

スリッカーブラシの持ち方

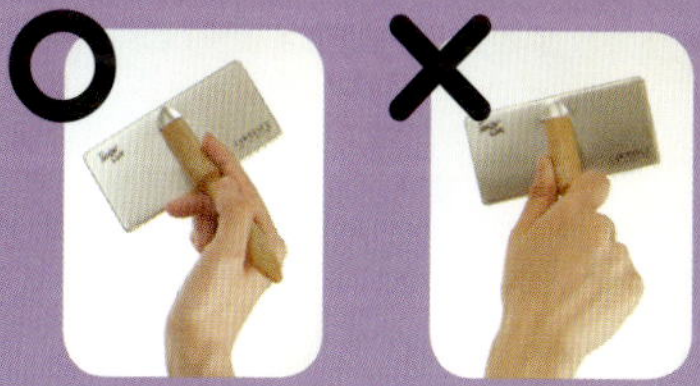

力を入れすぎると皮膚を傷つけてしまう危険があります。スリッカーブラシは親指と人差し指ではさんで、鉛筆を持つように持つとよいでしょう。

3 顔まわりやおなか、足はコームで優しくとかす

顔まわりやおなかは毛がもつれやすいところ。コームの目を皮膚に直角に当て、あごの下からおなかに向かってとかします。毛がもつれやすいそのほかの部分も同様に優しくとかしましょう。

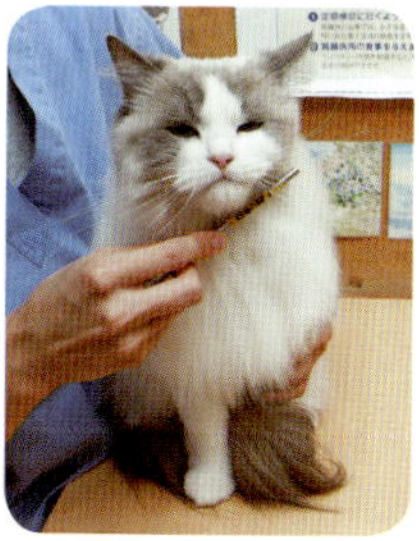

毛玉のできやすいところ

- 耳の後ろ
- わきの下
- しっぽのつけ根
- もものつけ根

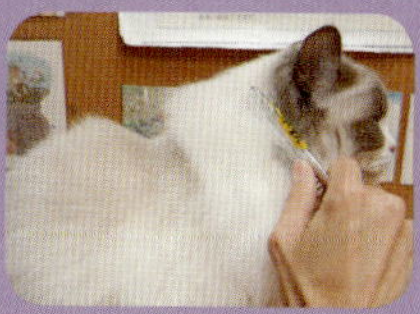

シャンプー

短毛猫はきちんとブラッシングをしていれば、シャンプーは基本的に汚れたときだけで十分。一方、長毛猫は毛並みを美しく保つためにシャンプーが必要です。月に1回を目安に行いましょう。猫はもともと水が苦手な動物です。いきなりシャンプーをしようとしても抵抗するため、最初は足だけぬらしてみるなど、お湯に慣らすことからはじめるのがおすすめです。

シャンプーをする前に気をつけること

- 猫の食欲はあるか
- 熱はいつもより高くないか
- 猫と人の爪は切ったか
- 扉や窓は閉めてあるか
- シャンプーを開始してから猫に異常はないか

シャンプーをはじめる前に左記のことを確認してください。まずは、猫の体調。多かれ少なかれ、シャンプーは猫にストレスをかけます。猫の体調が万全のときに行いましょう。次に、ケガや事故防止。水をかけるとパニックになって逃げ出す猫もいます。暴れたときに備えて猫と人の爪はあらかじめ切っておくとよいでしょう。

また、シャンプーを開始したら猫のようすに異変がないか気をつけて。パニックになったら無理につづけず、バスタオルで猫を包み一旦中止してください。

シャワーの音はなるべく小さく

シャワーの音に恐怖を感じる猫も多く、それがシャンプー嫌いの原因になることも。シャワーヘッドを体にぴったり当てると音が小さくなるのでお試しを！

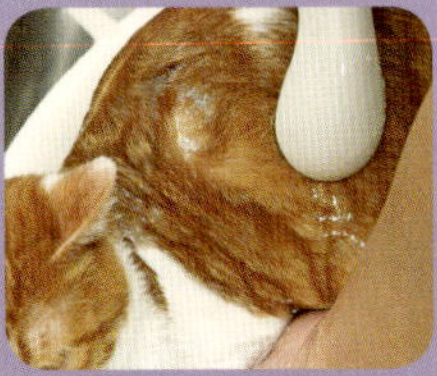

用意するもの

猫用のシャンプー、リンス、タオル、ドライヤーを使います。シャンプー時間短縮のため、リンスインシャンプーがおすすめ。

方法

1 ブラッシングをしてからシャンプーを開始する

上記の「シャンプーをする前に気をつけること」を確認後、ブラッシングをして余分な抜け毛をとり除いたら、シャンプー開始。猫をリラックスさせるように声をかけながら行いましょう。

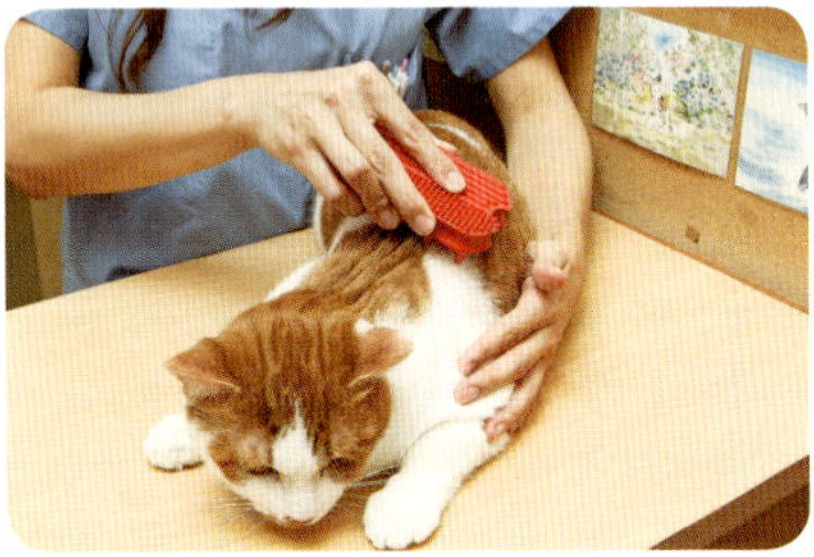

2 お湯をかけて体をぬらす

背中からおしり、おなか、足、しっぽと、毛の根もとまでぬらすようにシャワーをかけていきます。
※顔まわりは、シャンプーで洗うのではなくぬらした布で拭いてあげて。

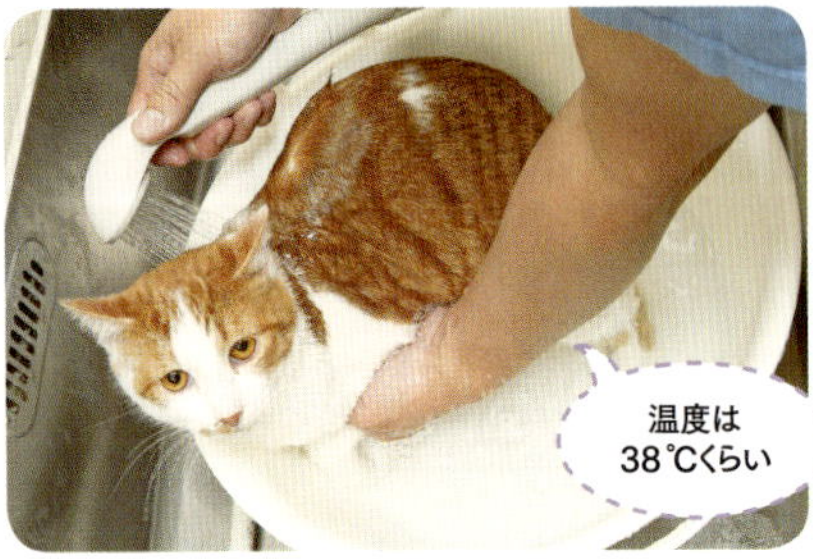

3 シャンプーを体全体にかけて洗う

体全体にシャンプーをかけたら、首から背中、おなか、足、しっぽと上から下に向かって洗います。指の腹で優しくマッサージするように洗いましょう。

優しく洗って!

汚れやすい箇所は念入りに

- おしり
- しっぽのつけ根

肛門まわりやしっぽのつけ根は汚れやすい部分。念入りに洗いましょう。

4 シャンプーが残らないようしっかりすすぐ。必要ならリンスを

体の上から下に向かってすすぎます。つづいて、必要ならリンスをしましょう。リンスは、体全体にもむようになじませ、時間を置かずにすぐにすすぎます。

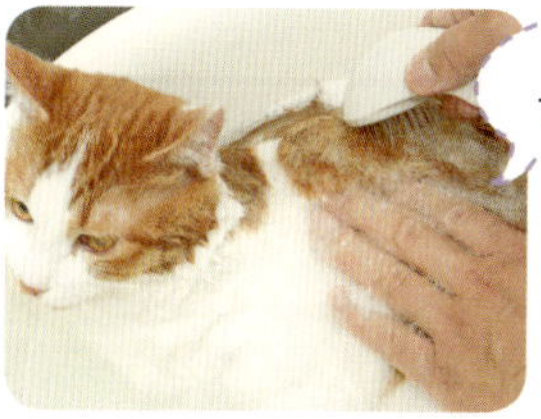
まずは
首から背中

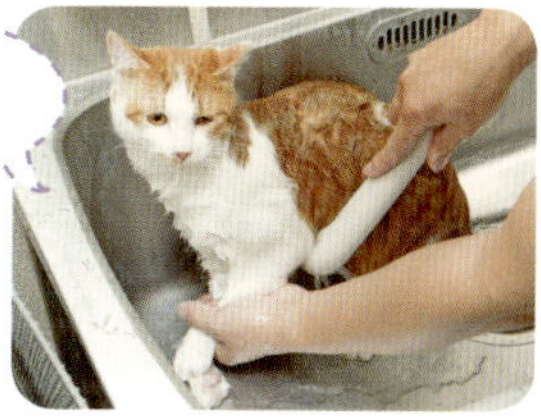
おなかも
しっかり!

5 すすぎ終わったら水をしぼる

背中、おなか、足、しっぽの順にしっかりしぼって水を切りましょう。

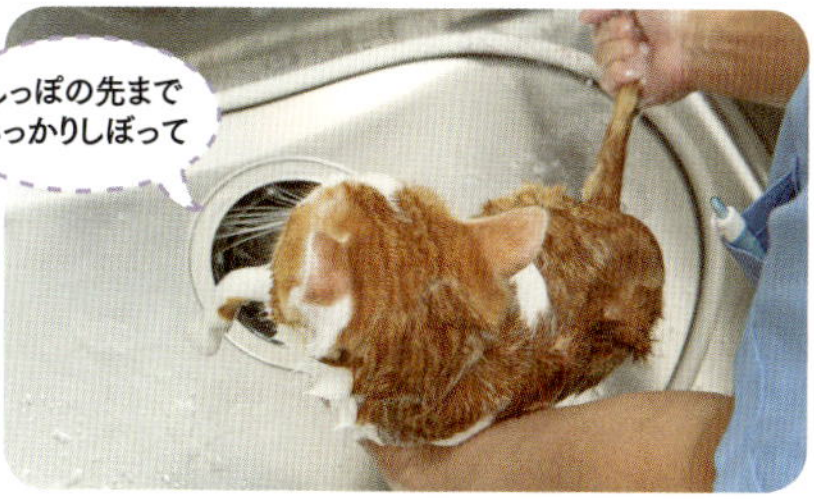

しっぽの先まで

6 全身をタオルで包んでタオルドライをする

全身をタオルで包んで毛の根もとまでしっかりと拭きます。長毛猫の場合、ゴシゴシこするのは毛玉の原因になるので、タオルを上から押さえるようにしてよく水分を吸いとります。ドライヤーをいやがる猫は、タオルドライをしっかりと!

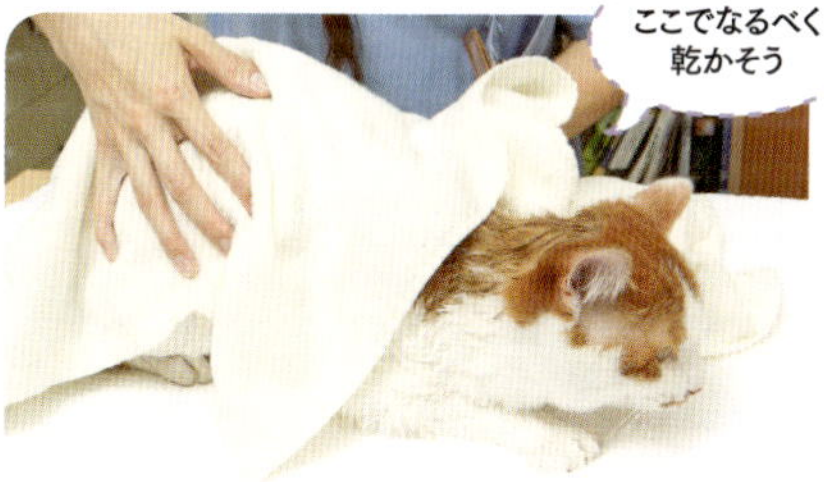

7 ドライヤーで乾かす

ドライヤーは温風にしておしりのほうから。熱さを確認しながら行いましょう。コームやスリッカーブラシでとかしながら行うと乾きが早く、毛並みも整います。

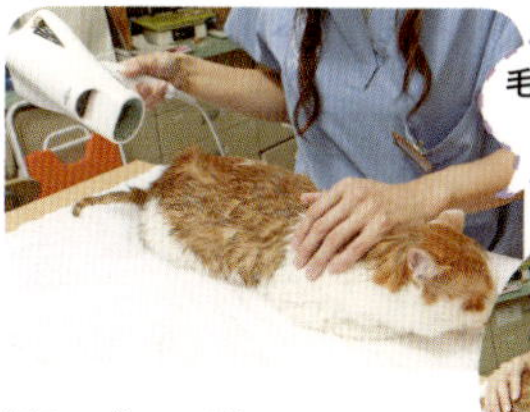
毛をとかしながら
ここでなるべく
乾かそう

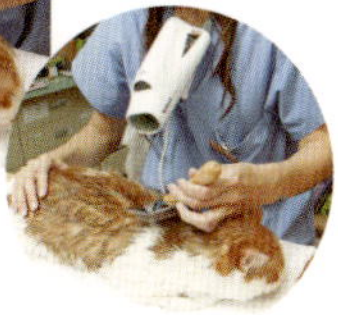

服やエプロンの間にドライヤーをはさむと両手が空くのでおすすめ!!

お手入れ
Grooming

習慣にしたいそのほかのケア

爪切り

猫は自分で爪とぎをして爪を適度な長さに維持しますが、それでは爪は鋭いまま。カーテンなどに爪を引っかけて猫がケガをしたり、家具や壁をボロボロにされたりするおそれもあります。2週間に1回くらい、のび具合をチェックしましょう。

切る位置

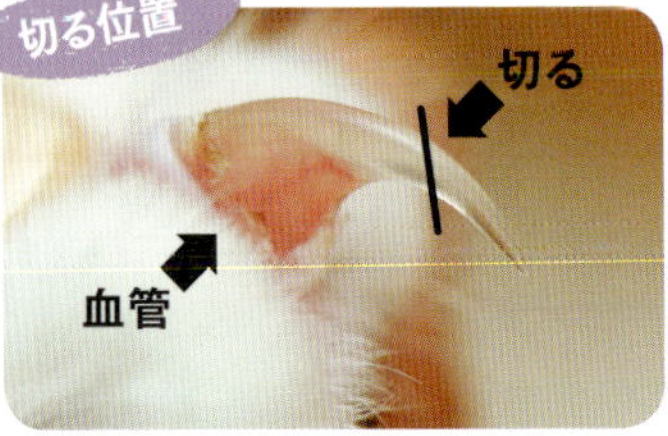

ピンクの部分には血管が通っているので、先端の透明な部分だけ切ります。

用意するもの

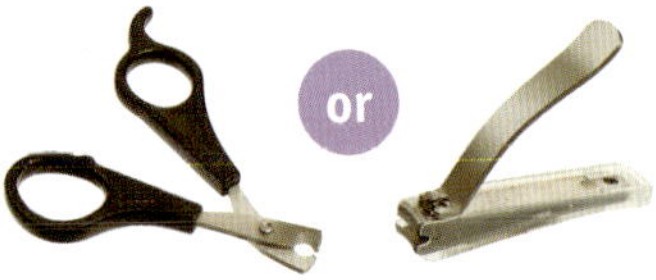

猫用の爪切りがおすすめですが、人用の爪切りでも切ることができます。人用の爪切りを使う場合は刃を当てる向きに注意して。

方法

1 指先を押して爪を出す

指を上下から押して、隠れている爪を出します。強く押しすぎると猫がいやがるので気をつけましょう。

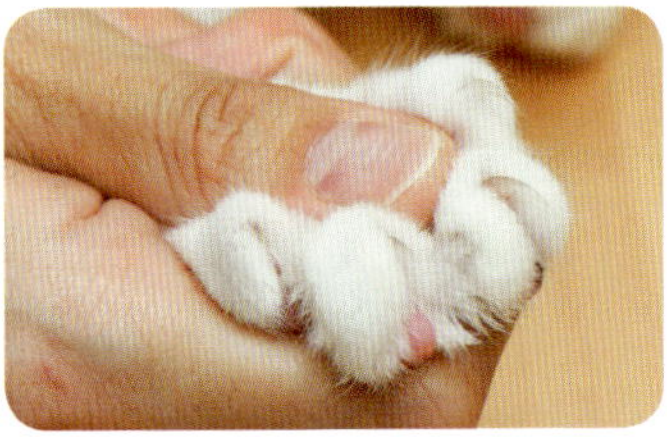

2 血管を切らないよう注意して切る

猫用爪切りを使用するときは、切りたい部分を刃の間から出して切ります。刃はどの方向から当ててもOK。

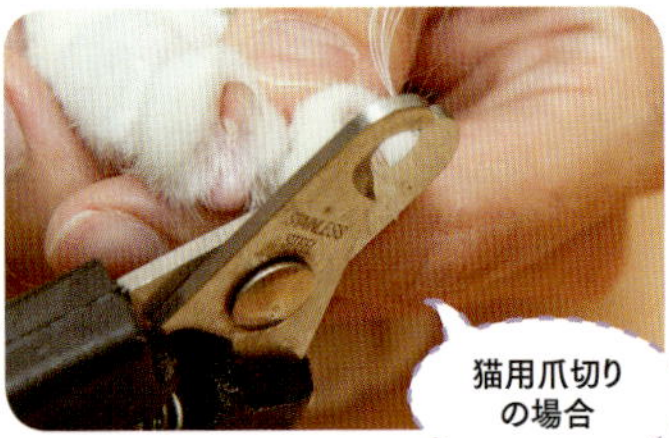

猫用爪切りの場合

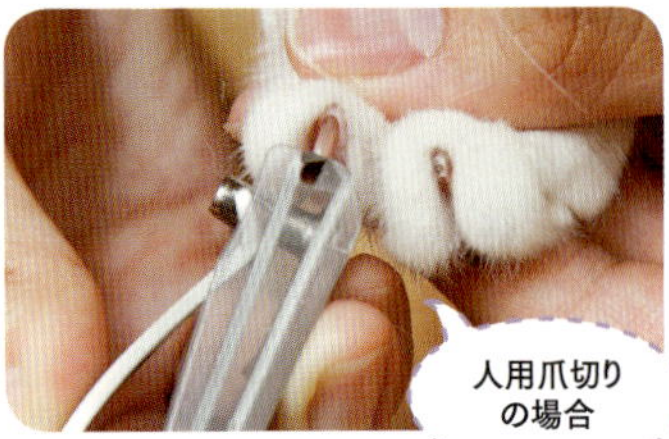

人用爪切りの場合

左右から爪をはさんで!

人用爪切りを使用する場合は、爪を左右からはさむように切ります。肉球を切ってしまわないよう注意して。

出血してしまったら

爪には血管がとおっているため、切りすぎると出血してしまいます。出血してしまったら、ガーゼで傷を押さえ止血を。血が止まらない場合は、動物病院へ連れて行きましょう。

歯のケア

歯についた食べかすをそのままにしておくと歯垢になります。歯垢は細菌のかたまり。放っておくと歯ぐきが腫れたり、痛んで食事ができなくなることも。猫の健康のためには、歯みがきは必須のお手入れです。まずはガーゼでの歯みがきからはじめ、慣れたら歯ブラシにチャレンジしてみましょう。1日1回、数分でよいので歯みがきを習慣にしましょう。

みがく位置

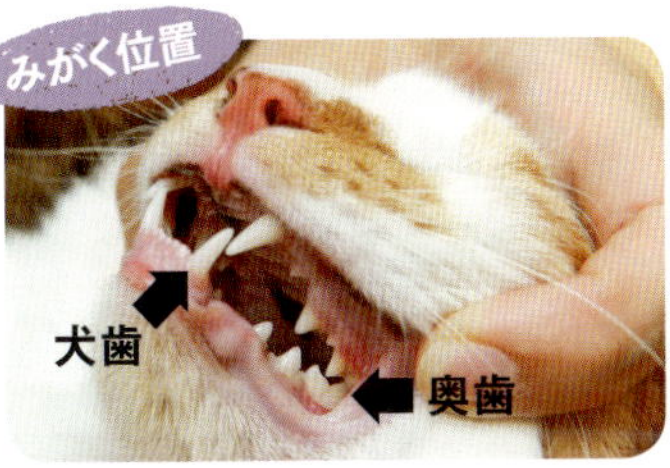

犬歯と奥歯をみがきます。奥歯と歯ぐきの間は歯垢がたまりやすいので念入りに。

用意するもの

ガーゼは指に巻ける大きさがあればOK。歯みがきのつど新しいものを使いましょう。歯ブラシは、猫用の歯ブラシもしくは人間の子ども用の、ヘッドが小さい歯ブラシを用意します。

方法

Step 1 ガーゼを使ってみがく

いきなり歯ブラシを使うのは難関。まずはガーゼで歯みがきに慣らしましょう。ぬらしたガーゼを指に巻き、唇をめくるようにして犬歯と奥歯の表面をこすります。歯の裏側は無理にみがかなくてもOK。

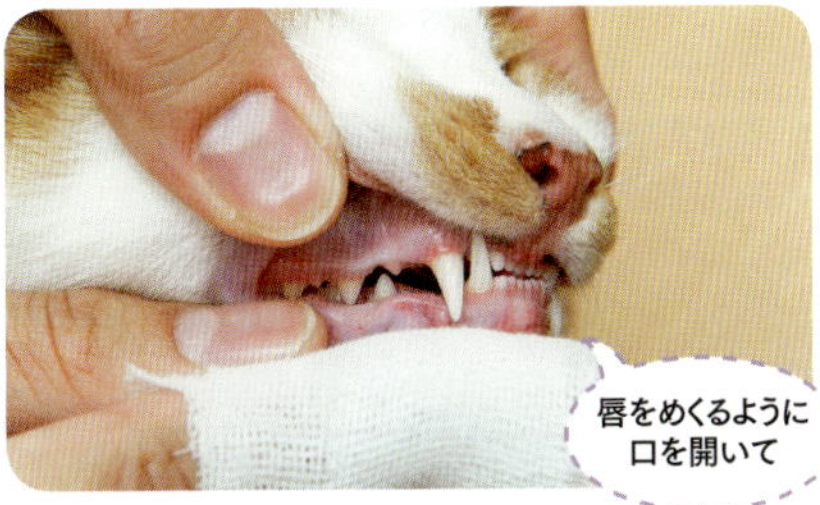

Step 2 慣れたら歯ブラシでみがく

ガーゼでの歯みがきに慣れたら次は歯ブラシでみがいてみましょう。無理に口を開けようとせず、歯ブラシを口のはしからすべりこませます。歯と歯ぐきの間に毛先を当て、力を入れずに細かく動かしましょう。

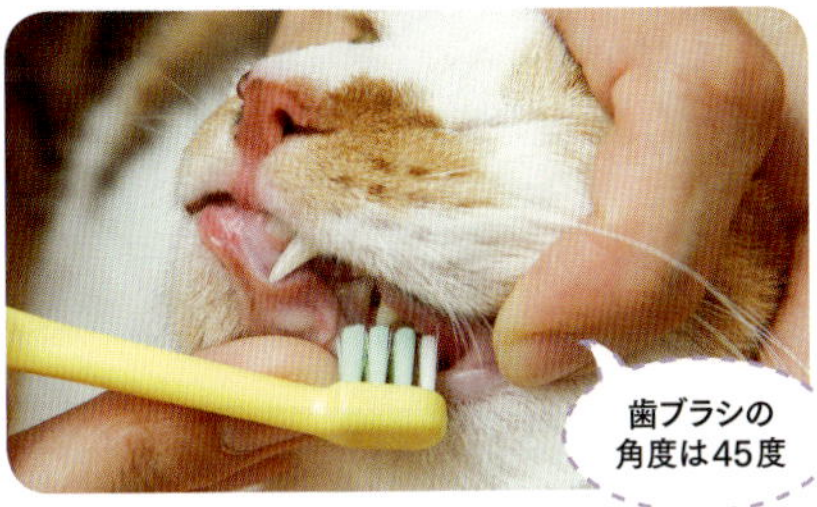

歯石がひどい場合は、病院で歯石ケアをしてもらおう

3才以上の猫の約8割が歯周病だといわれています。歯石は一度ついてしまうと歯みがきではとり除きづらいので、病院で歯石除去をしてもらいます。ただし、歯石除去には全身麻酔が必要。全身麻酔にはリスクがともなうため、獣医さんとよく相談してください。病院での歯石除去を少なくするためにも、家庭での歯みがきが重要です。

自宅での歯みがきを習慣にしましょう。

目のケア

健康な猫でも目やには出ます。茶色いカサカサしたものや透明なものなら問題ありませんが、粘り気のある黄色い目やにには要注意。病気の可能性もあるので、病院で診察を受けましょう。また、涙が出やすい猫もいます。目やにや涙を放っておくと「涙やけ」を起こし、目頭が変色することもあるので、目やにや涙が出ていないか毎日確認しましょう。

方法

1 目頭にガーゼを当てる

清潔なガーゼを使います。ガーゼを水でぬらしたら、そっと目頭に当てましょう。

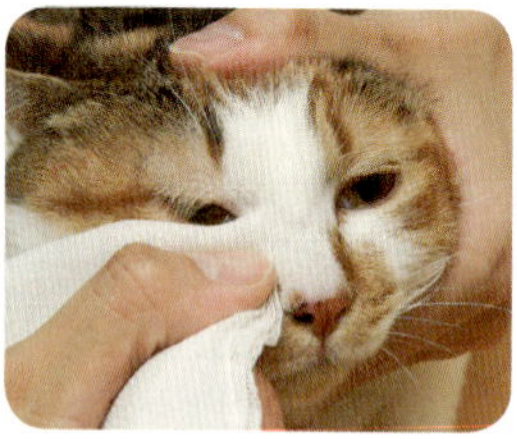

2 汚れを拭きとる

下に向かってガーゼを動かし、目やにを拭きとります。拭きとったら目やにの色をチェックして!

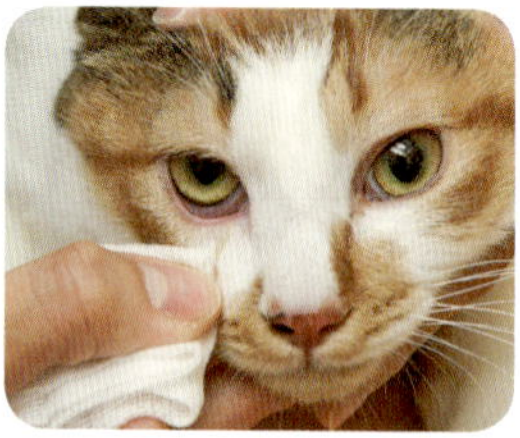

目やにの色の確認を忘れずに!

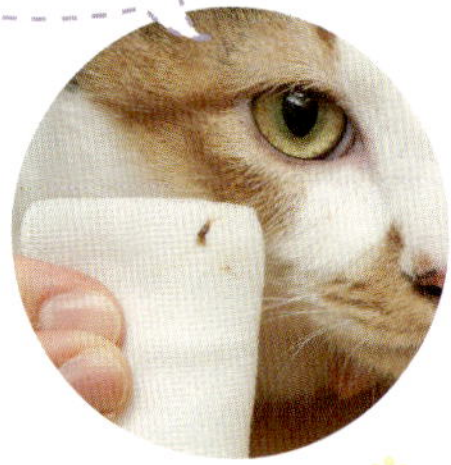

目の病気 ➡ 176ページ

耳のケア

個体差はありますが、猫の耳は何も異常がなければほとんど汚れません。逆に、必要以上に拭いてしまうと傷つけてしまう危険があるので、薄い色の耳あかがあるときだけお手入れをします。ただし、黒い粒状の汚れは耳ダニの可能性があります。早急に動物病院で診てもらいましょう。悪化すると、かゆみから耳の周辺をかいて、耳を傷つけてしまうこともあります。

方法

1 耳を軽く引っぱり広げる

水でぬらした清潔な綿棒やコットンを使います。イヤークリーナーがあれば汚れがよく落ちます。

2 見えている部分の汚れを拭きとる

そっと汚れを拭きとります。猫は耳道が短いため、見えている範囲のみ掃除をすればOK。

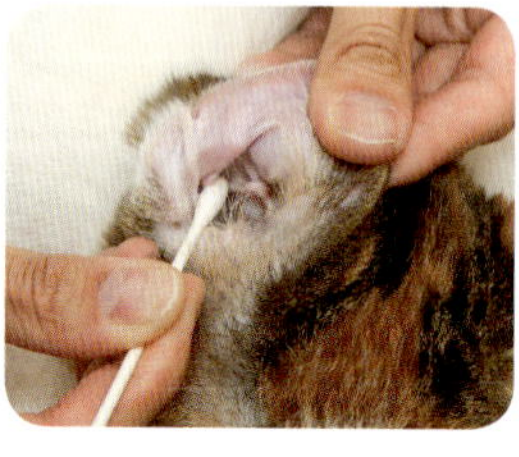

乾いた黒い汚れは耳ダニかも!

耳の病気 ➡ 175ページ

お手入れグッズ

ブラッシング、シャンプー、爪切りなど、お手入れ時にそろえたいおすすめのグッズを紹介します。

＊商品のお問い合わせ先は巻末をご覧ください。

ブラッシング

ハニースマイル 角型スリッカーブラシ

細めのピンで抜け毛をしっかりキャッチできるスリッカーブラシ。掃除グシつきなので使用後のブラシ掃除も簡単です。／G

プレシャンテ ダブルブラッシングブラシ

片側はもつれをほぐすピンブラシ、反対側はフケ・ホコリなどの汚れを取る柔らかなナイロンブラシになっています。／K

ハニースマイル 掃除機能付きピンブラシ

ブラシについた抜け毛を、背面のレバーを引くだけで簡単にとり除くことができるピンブラシ。／G

ハニースマイル フリー＆コーム

しっかりノミをキャッチできるノミとり用と、先丸ピンで優しく毛並みを整える、二通りの使い方ができるコーム。／G

爪切り

ペット用安全爪切り ネイルクリッパーS

猫の爪を切るのに最適な丸いカーブ状の刃なので、簡単に爪を切ることができます。さびにくいステンレス製。／I

シャンプー

ペットキレイ スピーディーフレッシュ 水のいらない リンスインシャンプー

水が苦手な猫のために、水を使わないシャンプーでボディケアを！ 泡をつけて拭くだけで汚れやにおいをすっきり落とせます。／N

プレシャンテ 吸水タオル

超極細繊維で、吸水力抜群のタオル。ドライヤーが苦手な猫には、タオルドライのときにしっかり乾かしてあげましょう。／K

肉球ケア

プレシャンテ 肉球ぷるぷるジェリー

肉球が硬くなると、ひび割れを起こし細菌が入ることもあるのでケアをしてあげましょう。ぷるぷるのジェリーが肉球に潤いを与えます。／K

歯のケア

猫口ケア ティースブラシ

猫の歯をていねいにブラッシングするのに適した、ヘッドが小さい猫用歯ブラシ。／L

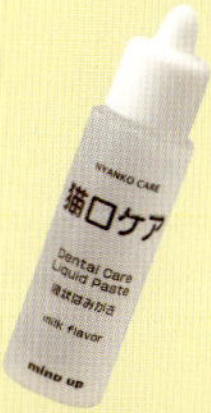

猫用液状はみがき

歯垢除去、口臭予防、歯ぐきのケアに！ 猫が好むミルクの香りがする液体で歯ブラシやガーゼに1～3滴たらして使用します。／L

耳のケア

イヤーリフレッシュ 猫耳ケア

耳の中の汚れを洗浄するイヤークリーナー。耳のにおいを軽減することもできます。1週間に1回の使用で、約50回分使用目安です。／F

お手入れ
Grooming

お手入れ Q&A

Q ウンチはついていないのにおしり周辺がにおう!

A おしりはきれいなのに「くさい!」と感じる、床におしりをこすりつける、頻繁におしりをなめるなどのしぐさが見られたら、肛門のう（肛門の左右にある袋）に肛門腺から出る分泌物がたまっているのかもしれません。放っておくと、肛門のう炎という病気になったり、肛門のうが破裂してしまうこともあります。病院で、たまった分泌物を絞り出してもらいましょう。

Q 毛玉を吐かない猫は、おなかにたまったまま?

A 猫は自分で毛づくろいをしますが、そのとき抜け毛を飲みこみます。毛玉を吐かない猫は、毛玉がうまくウンチといっしょに排せつされているということ。ですが、換毛期などの抜け毛が多くなる時期にブラッシングをおこたっていると、「毛球症」といって胃の中で毛玉がかたまってしまい、吐くことも排せつすることもできなくなる病気になるおそれもあります。そのため、飼い主さんがブラッシングをして飲みこむ毛量を少なくしてあげる必要があるのです。ブラッシングは被毛のケアだけではなく、体にさわることで健康状態の確認の場にもなります。

また、高齢猫になると自分で毛づくろいをすることが減りますが、そうなってから飼い主さんがブラッシングをしようと思ってもなかなかうまくいきません。猫が若いうちから慣れさせておくことが大切です。

Q 爪切りができない!どうすればいい?

A 猫はなにかに包まれていると安心します。爪切りを怖がって暴れる猫は、バスタオルで体を包んで切る方法がおすすめ。頭からすっぽりバスタオルで包んだら、足を1本ずつ出して切ります。また、ふたりで爪切りに挑むのもよい方法です。ひとりが猫の体を固定して、もうひとりが手早く爪を切ります。固定役の人は、爪を切っているのが見えないように、猫の頭を手のひらで覆うようにしてなでてあげると、猫が落ち着きます。ただし、どうしてもできない場合、無理やり行うのはケガのもと。病院でお願いしましょう。

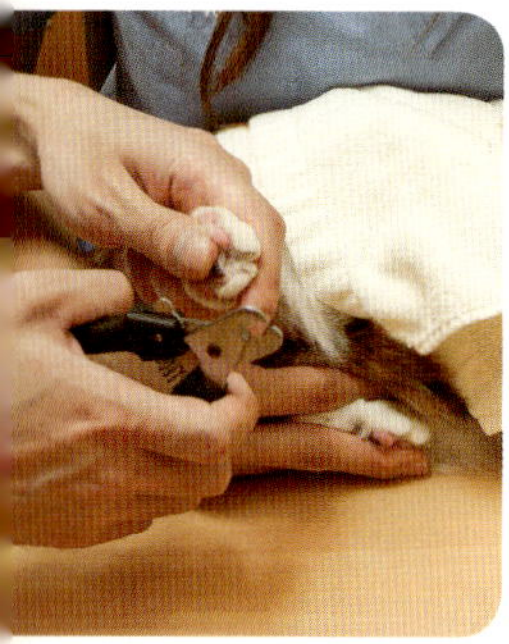

猫が暴れているときに爪切りをつづけるとケガをさせてしまうおそれがあります。暴れたらすぐに解放し、猫が落ち着いたら再度はじめましょう。

CHAPTER

4

もっと猫のことが知りたい!

猫はいろいろな方法で、あなたに気持ちを伝えているのを知っていますか？　ここでは、猫の気持ちを読みとるポイントや、猫にまつわる雑学を紹介します。猫について知れば知るほど、愛猫のことがさらに愛おしくなること間違いなし！

猫学
Cat study

猫ってどんな動物？

猫のルーツは砂漠出身のリビアネコ

猫の起源は、「ミアキス」という小さな肉食獣です。ミアキスは猫だけではなく、すべての肉食哺乳類の共通の祖先といわれています。ミアキスのなかで、あるものは平原に出て犬の祖先になり、またあるものは森林に残り猫の祖先になるなどして、さまざまな動物に進化していきました。ミアキスからネコ科の祖先となったものが、さらにヤマネコやトラ、ライオンとわかれていき、現在の猫の原型となる「リビアネコ」が誕生します。このリビアネコは、現存する野生のヤマネコで、アフリカやアラビア半島などに生息しています。

猫が人間と暮らすようになったのは、農耕文化が発達した古代エジプト時代。穀倉のねずみを捕るためだったといわれています。ここから「イエネコ」という新しい種が誕生しました。わたしたちがふだん目にし、「猫」と呼ぶのは、飼い猫ものら猫もすべてこのイエネコに属しますが、体の機能などは砂漠出身のリビアネコの特徴を残しています。

猫はどうやって日本に入って来たの？

最初エジプトで飼われていたイエネコは、貿易船のねずみ退治のため船に乗り、世界へ進出していきました。日本の文献では、平安初期に猫の記述が見られますが、それ以前の奈良時代には中国から入って来ていたといわれています。世界各地に散った猫は、その土地の環境に適応するよう、タイのシャムや日本のジャパニーズボブテイルなど、バリエーション豊かに変化をとげました。

現在 ← 約60〜90万年前 ← 約5000万年前

イエネコ

イエネコとは、人間によって家畜化されたネコ科の小型哺乳類のことで、飼い猫ものら猫もイエネコになります。ヤマネコにくらべ、おだやかな性格ですが、本能や体の機能などは野生を残している面もあります。

リビアネコ

イエネコの直接の祖先といわれるヤマネコ。アフリカなど一部地域に現存するヤマネコで、体格はイエネコよりもやや大きく、しっぽも太め。砂漠での暮らしに適応するため、暑さに強く、少しの水で生きることができます。

ミアキス

すべての肉食哺乳類の起源。体長は20㎝くらいで、胴が長くて足が短い姿をしていたといわれています。ヨーロッパや北米の森林に住み、するどい爪を使って木に登り、小動物を捕らえて食べていました。

猫を知る5つのPoint

1 猫はハンター

猫は野生時代、狩りで食べ物を得ていました。その本能は現在の猫にも残されていて、ねずみや小鳥、昆虫など動くものを見ると追わずにはいられません。のら猫は実際に、このような小動物を捕獲して食べることもありますし、人から食べ物をもらっている飼い猫でも、ハンターの本能はもっているのです。しなやかな体に優れた運動神経で走りまわる姿は、ハンターそのもの。しかし、狩りの方法を母猫から学んでいない猫は、ねずみが目の前をとおってもじょうずに捕れないこともあるとか。

2 なわばり意識が強い

単独行動を好む猫は、ほかの猫の干渉を受けないよう、それぞれ自分のなわばりをもちます。そしてなわばりを安全に保つための見まわりを欠かさず、マーキングで主張します。また無用な争いを避けるため、それぞれのなわばりを尊重し、お互いに適度な距離感を保ってかかわるのが猫社会のルールです。

知らない人が
なわばりに入ると
怖いんだ!

3 マイペース

猫は野生時代から単独で生きてきた動物。ペースを乱されるのが嫌いで、飼い主さんを含むほかからの働きかけにも、あくまでマイペースに応えます。遊びたいときに遊び、食べたいときに食べ、甘えたいときに甘える、そんな自由気ままさも猫の魅力のひとつです。

遊ぶの飽きた

4 きれい好き

猫はしょっちゅう毛づくろいをしています。また、決められた場所で排せつし、ウンチやオシッコは砂に埋めるという習性をもっています。これらの行動は、体のにおいや排せつ物のにおいで、獲物や敵に自分の存在を気づかせないためのもののようです。本能から自分を清潔にする術をもっている猫は、とてもきれい好きな動物だといえるでしょう。

5 寝るのが好き

猫を飼っている人は、猫がいかにいつも寝ているか知っているはず! 猫という名前は「寝る子＝寝子(ねこ)」からつけられたという説もあるほど、猫は非常によく寝る動物です。猫の睡眠時間は、子猫でおよそ18時間、成猫ではおよそ14時間。野生時代は、狩りに備えて長時間体を休めている必要があったため、そのなごりが現在の猫にも残っているのでしょう。しかし、実際に深く眠っているのは1日のうち4時間程度。寝ているように見えても、実はつねに神経を張りめぐらせているのです。

猫学
Cat study

猫の体を徹底解析！

ハンターとして生きていくのに適した猫の能力

猫はハンターとして進化してきた動物です。現在は、ペットとして人に飼われるようになった猫ですが、その体には、今でも狩りをして生きていくのに必要なさまざまな機能が備わっています。

たとえば、夜行性の猫が獲物を見つけられるように進化した目。人間では暗くてものがよく見えないような環境でも、猫は網膜にあるタペタムという構造でわずかな光を増幅することができるので、しっかり対象をとらえることができます。

また、高いところにいる獲物を捕まえられるように骨格や筋肉が発達していて、驚くようなジャンプ力をもっているのも猫の特徴のひとつです。

猫の五感

視覚
eye

猫の視力は人間より弱く、色についても、青色と緑色は見えますが、赤色は認識できません。しかし、動体視力や光を感知する能力は抜群！　そのため、暗いところにいる獲物の、かすかな動きもキャッチすることができるのです。逆に、じっとして動かないものは、ぼんやりとしか見えません。

ヒミツ❶

わずかな光でものが見える

猫の光の感度は、なんと人間の6倍！　夜行性の猫は、わずかな光でも対象をよく見ることができるのです。これは、野生時代に暗いところでも獲物の動きをしっかり感知できるように備わった能力。また、全体視野も広く、ななめ後ろの獲物もばっちり見ることができます。

嗅覚
nose

猫の嗅覚は人間の数万～数十万倍。猫は視覚よりも嗅覚で物事を判断しているのです。たとえば、ほかの猫のオシッコのにおいを嗅いだだけで、その猫がオスなのかメスなのかもわかるそう。また、口蓋にあるヤコブソン器官で、主にフェロモンなどのにおいを感じとることもできます。

ヒミツ❷

「安全」はにおいで判断している

猫は、安全かどうかを嗅覚で判別します。たとえば、食べられるものかどうかや、猫に必要な動物性たんぱく質を含むものなのかもにおいを嗅ぐことでわかるのです。また、なわばりの安全確認もにおいで行い、ほかの猫のにおいを嗅ぎわけて危険がないかを確認しています。

味覚
mouth

猫の舌にも、人間と同じように味を感知する「味らい」という部分があります。しかし、塩からさや酸っぱさは敏感に感じることができても、甘さはあまり感じないようです。ちなみに猫の舌にあるザラザラした突起（糸状乳頭）は、毛づくろいのときにブラシのような役割をはたしています。

ヒミツ5

猫は甘さより酸っぱさに敏感

猫は、酸っぱさにいちばん敏感に反応します。そのおかげで、くさった食べ物の酸味にすばやく反応し、吐き出すことができます。砂糖などの糖分の甘さはあまり感じないといわれていますが、猫に必要な栄養素である、たんぱく質を構成する成分・アミノ酸の甘さには反応するそう。

触覚
whiskers

猫は暗がりや細い道を歩くとき、ヒゲの感覚をたよりに先に進めるかどうかを判断します。ヒゲの根もとにはたくさんの神経が集中していて、ふれたものの情報はすぐに脳に伝達されるのです。ヒゲは、わずか0.2gの重さや、風向きさえも感じとれる、非常に優れた感覚器なのです。

ヒミツ4

ヒゲは顔だけではなく全身にある

猫のヒゲは口のまわりに左右あわせて24本生えています。口のまわり以外にも、目の上やほほ骨あたりにもヒゲが生えていて、さらに前足の後ろあたりにも数本生えています。口のまわりのヒゲは筋肉で動かすことができますが、それ以外のヒゲは動かすことはできません。

聴覚
ear

猫が聞くことができる音の高さの範囲は30ヘルツ～60キロヘルツといわれ、人間の20ヘルツ～20キロヘルツにくらべると、高音を聞きとる能力に優れていることがわかります。獲物であるねずみの高い鳴き声も聞きもらしません。また、人間には聞こえないような超音波もキャッチできるそう。

ヒミツ3

音の出所が正確にわかる

猫の耳を観察すると、いろいろな方向に動くのがわかります。耳に20以上の筋肉があるので、180度回転させたり、自由自在に動かしたりすることができるのです。音がする方向に耳を向け、遠くのかすかな音もしっかり聞きとります。耳は左右別の方向に動かすこともできます。

猫の身体能力

ヒミツ6

猫と犬、賢いのはどっち？

体重と脳の重さの比率で見ると、猫と犬の脳の発達具合はほぼ同じ。頭のよさにはそれほど差はなく、人のいうことを聞く犬にくらべて、猫の知能は落ちると思うのは誤解です。群れをつくって生活する犬にはリーダーのいうことを聞く習性があるのにくらべ、単独で生きる猫には、命令に従う習性がないだけなのです。

頭脳

brain

猫の知能は、人間におきかえるとだいたい1才半くらい。脳の構造を見てみると、本能や欲求などをつかさどる大脳辺縁系と、バランスや筋肉運動をつかさどる小脳の部分がとくに発達しています。また、意外に記憶力もよいようで、いやなことがあると忘れません。

肉球

pad

猫の足の裏にあるプニプニした肉球。この肉球は、人間の手のひらや足の裏と同じく、脂肪と弾性線維でできています。弾力がある肉球は、ジャンプして着地するときのクッションやすべり止めの役割をしています。また、猫は肉球に汗腺があり、暑いときではなく、緊張したときに肉球に汗をかきます。

ヒミツ7

忍び足ができるのは肉球のおかげ

獲物に気づかれないように静かに近づくのが得意な猫。分厚い皮膚で覆われたクッションのような肉球と、自由に出し入れできる爪をもつため、音を立てずに歩くことができるのです。また、やわらかい肉球のおかげで足場が悪いところでも歩くことができます。

ここも知りたい!

高いところから落ちたとき、猫はどうやって着地するの?

高いところから落ちても、空中で体をクルリと回転させ見事に着地! こんなことができるのは、猫が優れた平衡感覚をもつおかげです。

発達した前庭器官により、落下のスピードや体の傾き、頭の位置を瞬時に感知。脳に伝達します。

まずは頭の位置を元に戻します。そして頭に近いほうから、肩→胸→前足というように体をひねります。

前足を伸ばしていき、着地の際のショックをやわらげるように構えます。

着地地点をよく見て、まず前足を着き、ついで後ろ足を着けます。無事着地に成功!

しっぽ
tail

体の向きを変えたり、高いところを歩いたりするときに、猫は長いしっぽを自在に動かしてバランスをとります。しっぽは先のほうまで骨と神経がとおっており、筋肉も発達しているので、しなやかに動かすことができます。また、しっぽの動きで猫の気持ちもわかります。

しっぽからわかる猫の気持ち ➡ 123ページ

ヒミツ8

しっぽで体のバランスをとる

猫は、高いところに飛び乗ったり飛び下りたりするとき、しっぽを高くかかげてバランスをとります。また、塀の上など高く細いところを歩くときも、体が傾かないように、しっぽを舵のように使ってバランスをとっています。

足
leg

猫が歩く姿を観察していると、前足で踏んだあたりを、後ろ足でも踏んでいることに気づくはずです。これは敵に自分の存在を察知されないために備わった本能的な行動。前足で踏めた場所は安全なため、後ろ足でも同じところを踏むのです。

ヒミツ9

体長の5倍の高さまでジャンプできる

猫の後ろ足はとくに筋肉が発達しているところ。すばやく動いたり、驚くほど高いところまでジャンプしたりできるのも、後ろ足の筋肉のおかげ。自分の体長の約5倍もの高さまでジャンプすることができるというから驚きです。

猫の一生

子猫期
（生後〜1才まで）

だれかの助けなしでは生きられない時期

生まれたばかりの子猫は、体重はわずか100g程度で、目も見えず耳も聞こえません。しばらくは母乳で育ちます。また、自分では排せつができないので、母猫におしりをなめて排せつを促してもらいます。生後1〜2週目くらいで目が開き、やっと自分で立ち上がることができます。
生後5週齢くらいから離乳し、じょじょにやわらかいフードなどが食べられるように。生後2〜9週齢の間は子猫の「社会化期」といわれ、この時期に体験したことはその後の猫の性格や行動に色濃く反映されます。体重がどんどん増え、筋肉が発達し、活発に遊びまわります。

乳児期

離乳期

幼猫期

子猫期のお世話のPoint

- 乳児期の猫には、母猫にかわって3〜4時間おきの授乳と排せつ介助が必要。
- 体重は順調に増えているか、体調は安定しているか毎日チェック。
- かかりつけの動物病院を決め、ワクチン接種と健康診断を受けましょう。
- 避妊・去勢手術を受けるのなら、いつごろ受けるか計画を。

子猫は急速に成長し、高齢猫はゆっくり年老いる

猫の一生の時間は、人間の一生よりもはやく流れます。平均寿命はだいたい10〜15才といわれますが、最近では食事の改善や獣医学の進歩により20才を超える猫も少なくありません。

最初はなにもできなかった子猫が、1か月をすぎるとジャンプしたり走りまわったりし、1才でおとなに。その後7才までは成猫期といい、体力・気力ともに充実する時期です。7才以降、じょじょに老化がはじまりますが、外見はほとんど変化しないので、高齢になったという実感がわきにくいかもしれません。しかし、年は確実にとっていくので、そのときどきでお世話の見直しが必要になります。

成猫期
（1～7才）

1才でおとなの体が完成。体力・気力がみなぎる時期

6か月でだいぶ体が成長し、1年たつと立派なおとなの体になります。この1才から7才くらいまでの間は、体力も気力も充実し、妊娠・出産にも適した時期。最初の発情期は、オス猫ではやければ生後5か月、メス猫で生後4か月くらいに迎えます。子猫を望むのなら3～4才ごろがいちばん繁殖力が高くなります。また、子猫を生ませないのであれば避妊・去勢手術も考えなければいけません。

成猫期のお世話のPoint

- フードを子猫用から成猫用のものに切りかえましょう。
- 運動不足にならないよう、適度に動ける環境や遊びが必要。
- ごはんをあげすぎて、肥満にさせないよう注意。
- 健康であっても、年に1回は動物病院で健康診断を受けましょう。

老猫期
（7才以降）

見た目ではわからない老化現象に備えを

猫の7才は人間におきかえるとだいたい44才くらいにあたり、以降はじょじょに老化がはじまっていきます。見た目は今までと変わらないため、老化といわれてもピンとこないかもしれませんが、体にはさまざまな不調が出てくるのです。体力が落ち、活動時間は減って寝ている時間が増えていきます。食事や居場所なども若いときと同じままでは不都合が出てくるので、見直す必要があります。

老猫期のお世話のPoint

- フードを成猫用から高齢猫用のものに切りかえましょう。
- 高いところは登りやすくするなど、生活環境を見直します。
- 毛づくろいや爪とぎをしなくなる猫もいるので、日ごろのケアをおこたらずに。
- 半年に1回は、動物病院で健康診断を受けましょう。

猫の年齢換算表

愛猫の年齢を人間の年齢におきかえると何才くらいになるのか意識することで、そのときどきにあわせたお世話のしかたに見直していきましょう。

猫	20才	18才	16才	14才	12才	10才	8才	6才	4才	2才	1才	6か月	3か月	2か月	1か月	2週間	1週間
人	106才	88才	80才	72才	64才	56才	48才	40才	32才	24才	15才	9才	5才	2才	1才	6か月	1か月

猫学
Cat study

猫の1日のすごし方

猫のタイムスケジュール

朝

昼

ごはんタイム

人に飼われていない猫なら、獲物が捕れたときが食事の時間ですが、飼い猫は食事の時間を決めたほうがよいでしょう。決まっていないと、猫が「今日はいつごはんを食べられるのだろう」と不安になってしまいます。朝夜1回ずつなどと決めたら、1日に必要な総カロリー量（54ページ参照）をオーバーしないよう与えましょう。

お昼寝タイム

猫は1日の大半を休んですごしています。活動的になるのは、夕暮れと明け方くらいで、それ以外は昼寝をしたり、ボーッとしたり……。基本的にはのんびりとしていたいのです。「猫をひとりでお留守番させるのはかわいそう」と思う飼い主さんは安心してください。猫は単独行動が好きな動物で、さらに日中はほぼ寝ています。

猫は夜行性の動物。昼よりも夜、活発に動きたい

人間を含む動物の体には「体内時計」が備わっているといわれます。それによって動物には、それぞれに適した活動のリズムができるのです。

猫のリズムは、明け方と夕暮れの時間帯にいちばんよく目覚めて活発に動くようにできています。なぜなら、明け方と夕暮れは、猫が狩りをするのにもっとも適した時間だから。そして飼い猫の体内にも、この先祖代々受け継がれてきた時間感覚が残されているため、夕暮れと明け方には活発に動きたくなり、それ以外はエネルギーを蓄える時間と、体にリズムが刻みこまれているのです。

人間といっしょに暮らす飼い猫は、生活

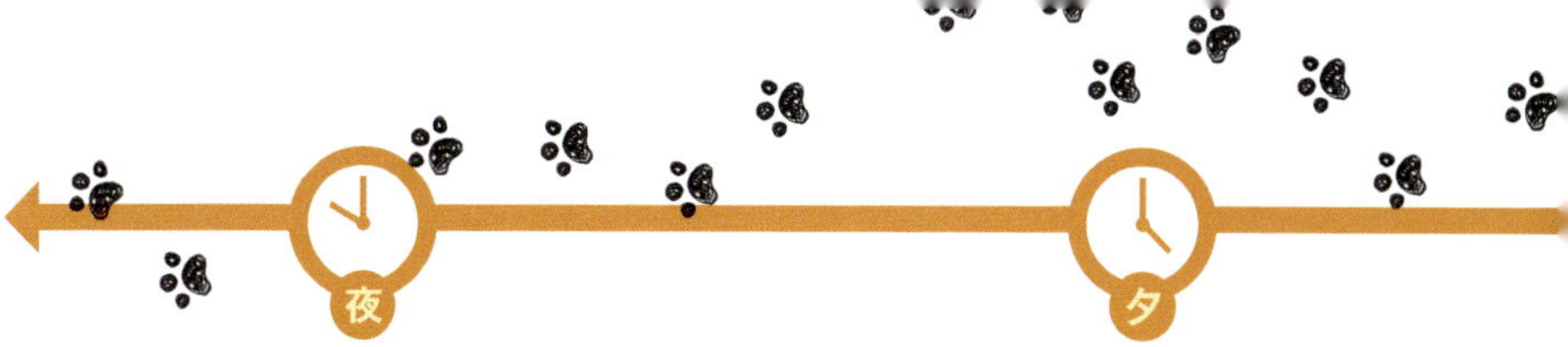
夜
夕

おやすみタイム

狩りをしない日中と真夜中は、猫のオフタイム。日中あれほど寝ていた猫でも、ひとしきり活動したあとは、就寝します。ときどき、飼い主さんが寝てから真夜中の運動会をはじめることもありますが、人と暮らす猫は、飼い主さんに生活時間をあわせているため、飼い主さんが寝るといっしょに寝てしまうことが多いようです。外で活動する猫は、明け方パトロールに出かけていくこともあります。

飼い主さんにあわせた生活リズムで暮らす

朝は飼い主さんといっしょに目覚め、飼い主さんが出かけて留守の間はほとんど寝ている。帰ってきてごはんをもらえる時間になると起きてくる。飼い主さんが寝ている間は自分も寝る。このように、猫はいっしょに暮らす人の生活リズムに、自分もあわせることができます。猫の食事の時間を決めたり、真夜中は遊ばないようにしたりと、猫と飼い主さんの生活リズムをあわせれば、お互いにストレスが少ない生活になるでしょう。

遊びタイム

夕暮れからは、のら猫ならば狩りに出かける時間にあたります。室内ですごす猫も、起きてきて活発に動きたくなる時間帯。部屋の中をかけまわったり飛びはねたり、飼い主さんに遊んでほしがります。飼い猫にとって、遊びは狩りのつもりであり、また飼い主さんとのスキンシップの場でもあります。とくに子猫は運動量が多いので、時間が許す限りいっしょに遊んであげましょう。

動くものを
追いかける狩り遊び
が大好き!

しやすいように飼い主さんのリズムにあわせている場合もあるようですが、とはいっても、昼間はのんびりしたい、夕方は元気に遊びたいという猫の生理を尊重することは大切です。

猫学
Cat study

猫の気持ちを知ろう

猫の気持ちは目やしっぽなどからわかる

人間ほど複雑なものではありませんが、猫にも感情があります。当然言葉は話せないので、猫の表情やしぐさ、行動から読みとるしかありません。

集団で生きる犬は、仲間どうしのコミュニケーションの方法をたくさんもっているとされますが、猫は単独で生きる動物なので、仲間とのコミュニケーションはあまり必要としません。それでも、目や耳やしっぽにその感情はあらわれています。

猫のどこを見れば気持ちがわかるのかを押さえ、なにを考えているのかを推理し、猫の気持ちにそったコミュニケーションをとることで、言葉以上にわかりあえる関係が築けるはずです。

猫の気持ちを知るPoint

1 気持ちの基本は「安心」か「危険」

猫にとって重要なのは、今の状態が「安心」か「危険」か。敵もいなくておなかも減ってなくて居心地がよい場所にいれば「安心」してすごせます。反対に、不安を感じる相手がいたり、おなかが減っていたり、落ち着かない環境にいたりすれば「危険」を感じます。猫の感情は大きくはこの「安心」か「危険」かに左右されているのです。

2 気持ちを理解するには観察第一

猫の気持ちは、コロコロと変わります。さっきまで甘えていたかと思うと、突然戦闘モードになったり、どこかにプイッと行ってしまったり……。人間には自分勝手な行動に映りますが、感情が切りかわるときには、目やしっぽなどになんらかのサインがあらわれているはずです。表情、しぐさなどをよく見ながらコミュニケーションをとりましょう。

3 表情を読みとるには目や耳に注目

一見無表情に見える猫ですが、よく見ると豊かに気分を表現しているものです。とくに気分がわかりやすいのは、目や耳でしょう。たとえば、警戒しているときの目は見開かれ、瞳孔はまん丸くなります。リラックスしているときは、瞳孔は普通の大きさで目を半分閉じています。また、怖がっているときの耳は、後ろにふせています。

毎日猫の表情を観察していれば、気分のよし悪しも一目瞭然に。

Pose 姿勢

猫が全身を使って自分の気持ちをあらわすのは、主にケンカを回避するため。野生では無用なケンカは命とりになります。体を大きく見せて「オレは強いから近よるな」と伝えたり、体を小さくして「ボクは弱いから攻撃しないで」と伝えたり、衝突を避けるためボディーランゲージで相手に意思を伝えているのです。

リラックス

おなかを見せて体を伸ばし寝転がります。こんなときの猫は、完全に気を許しているリラックスモード。飼い主さんを遊びに誘っている場合も!

安心

危険がなく安心している猫は、耳をまっすぐ前に向けて、背中もまっすぐ、しっぽは自然に力が抜けて垂れ下がっています。

おびえ

耳がたおれて腰が引けています。体をなるべく小さく縮ませて、防御体勢に。相手に対して自分が攻撃をする意思がないことを示しています。

威嚇

背中を丸めて毛を逆立たせ、体を大きく見せます。強気で攻撃的な気分で、相手に対して「来るなら来い!」という状態です。

猫の寝姿は気温や気持ちで変わる

外で生きる猫は危険に備え、基本的には足を下に着けたまま、すぐに動ける姿勢で眠ります。一方、家の中で飼われている猫は、飼い主さんのそばで安心しきっているので、体を伸ばしておなかを見せるなど、なんとも無防備な姿で寝る姿も見られます。これは危険がないことがわかっているから。このように、寝姿にも猫の気持ちはあらわれています。また、寒いときは体温が逃げないように丸まって寝て、暑いと熱を外に逃がすように体を伸ばして寝ます。

寒いときは丸まって眠るんだ!
すぐに立ち上がれるよう、足を下に着けて寝てるんだよ!

攻撃的になっているときやおびえているときは、猫にむやみに手を出してはいけません。そんな猫の表情を読みとるポイントは、耳のふせ方と瞳孔の開き具合。瞳孔の大きさは、周囲の明るさによっても変化します。しかし、明るさが変わらないのに瞳孔の大きさが変化しているときは、気持ちが動いている証拠です。

expression
表情

おびえ

耳をふせ気味にするのは、相手を恐れて攻撃から身を守ろうとしているとき。完全に耳を後ろにたおし、視線をそらすのは服従のサインです。

満足

目を半分閉じボーッとしているときは、気持ちがよくて満足しているとき。ふだんは目の中に隠れている瞬膜が、ゆるんで少し見えます。

攻撃

キバをむくことで、自分の武器を見せ相手に攻撃をやめさせるねらいも。それでも攻撃してきたら、このするどい歯で戦う決意があります。

興味津々

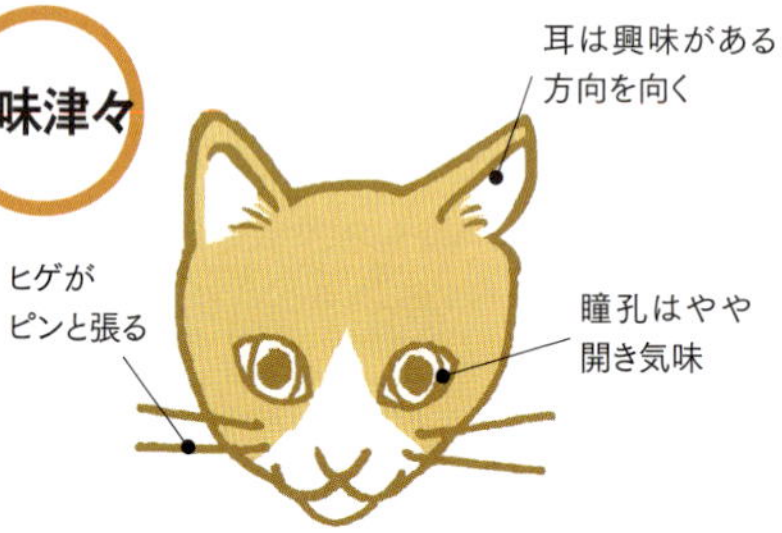

ヒゲをピンと張って、目を見開いているときは好奇心いっぱいのときや、驚いたとき。ヒゲを前に傾けるのも興味があるサインです。

ちゅうちょ

攻撃にうつろうかどうしようかと葛藤しているときなど、どうしたらよいかわからないときは、耳をピクピク動かします。瞳孔に変化はありません。

怒り

怒っているときも、ヒゲは前を向いています。後ろに引いてピンと立った耳は、強気なサイン。「負けないぞ」とケンカも辞さない構えです。

tail
しっぽ

猫は恐怖や怒りを体全体で表現しますが、なかでもしっぽには猫の細やかな感情の変化がよくあらわれます。気持ちの変化が大きいときはしっぽも大きく動かし、変化が小さいときは、少しだけ動かします。とくに、猫は怒って攻撃態勢になる前に、イライラした気持ちをしっぽで伝えてくるので、そのサインを見逃さないように!

イライラ

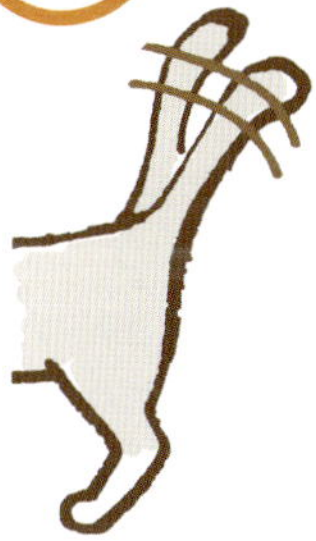

猫がしっぽを振っているときは、犬のような喜びをあらわすサインとは異なります。バタバタと左右に激しくしっぽを振っているのは不機嫌なしるし。気持ちが落ち着かない、イライラした気分です。原因をとり除いてあげて。

ケンカするぞ

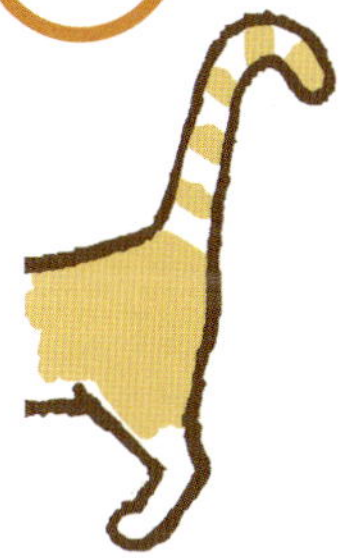

しっぽをU字形に曲げているときは、ケンカをしかけるときのサイン。ここから、毛を逆立てて体を丸くすると攻撃の体勢。また、子猫や親しい猫の間では、ケンカ遊びをして遊ぼうよと誘っている場合もあります。

怖いよ

しっぽを後ろ足の間にはさんでいるのは、怖がっているとき。長いしっぽを足の間に隠し体を小さく見せることで、自分を弱い存在に見せ、相手を恐れていることをあらわします。「攻撃しないで」と伝えているのです。

来るな

驚きや恐怖を感じたとき、しっぽの毛が逆立ち太くなります。自分をなるべく大きく見せようとしているのです。自分は強いから攻撃するなと相手を威嚇し、それでも近づいてくるのなら攻撃してやるという気持ちです。

見つけた!

獲物や興味をひくものを目にしたとき、しっぽの先がピクリと動きます。そのまましっぽの先だけ振りはじめたら、「あれはなに?」「しとめられるかな?」などと考えているところ。相手に気づかれないよう動きはわずかです。

甘えたーい

子猫時代、母猫におしりをなめてもらうために行っていたポーズですが、おとなになってからでも親しみを感じている相手に対してよく見せます。しっぽを立てて近づいてきたら、あなたを母猫と思っているのかも。

猫の声をよく聞いてみると、猫は実にさまざまな鳴き声を使いわけていることがわかります。そのバリエーションはおよそ20種類。人には聞きとれない高音も使っています。猫どうしで鳴き声を使ったコミュニケーションをとるのは、主には攻撃や防御といったケンカのとき。その声は「フー」「シャー」といったするどいものです。

cry 鳴き声

大きな声で

ナ〜オ〜

＝

発情期のアピール

発情期を迎えた猫は、ふだんとは違う大きな鳴き声で異性にアピールをします。異性に対しては「相手募集中」という意味ですが、オスどうしでは自分の存在を知らしめて相手をけん制する意味も。

はっきりした声で

ニャー

＝

甘えたい、要求がある

自分に関心をひきつけたいときの鳴き声。飼い主さんになにやらお願いしたいことがあるようです。いいことばかりではありません。たとえば「トイレ片づけて」といっているのかも。

のどを鳴らして

ゴロゴロ

＝

リラックス、満足

子猫は母猫の母乳を飲んでいるとき、のどをゴロゴロ鳴らして、安心や信頼の気持ちをあらわします。母猫とすごした幸せな記憶から、猫が安心していて気持ちがいいときに発する音なのです。

短く

ニャッ

＝

返事、あいさつ

名前を呼んだとき、「ニャッ」と短く鳴くのは、「呼んだ?」と返事をしています。また、出会いがしらに「ニャッ」と声をかけていくこともあります。これは「やあ」という親しい相手に対するあいさつです。

猫は体調が悪いときもゴロゴロという

ゴロゴロという音は、どこから出しているのか、どのように出しているのか、実ははっきりしたことは解明されていません。主にリラックスしているときに出す音ですが、その反対に、具合が悪く不安なときにも猫はゴロゴロとのどを鳴らすことがわかっています。自分を安心させようとしているのかもしれません。

キバをむいて

シャー

＝

威嚇、怖い

「フー」「シャー」と発するのは、「攻撃しちゃうぞ」という意味。今にも攻撃してきそうな怖い声ですが、本当は無用なケンカは避けたいところ。相手にどこかにいってほしいと思っているのです。

gesture
しぐさ

飼い主さんが帰宅したら「クンクン」においを嗅いできて、部屋の中を歩いていたら「スリスリ」近よってくる。寝ていたら布団の上で「モミモミ」ずーっともんでいる……。こういった行動が見られたら、猫に好かれている証拠! 猫といっしょに暮らしているとたびたび見られる愛らしいこれらのしぐさには、実はしっかり意味があるのです。

モミモミ

前足でタオルや毛布などをマッサージするようにもんでいるのは、甘えた気分をあらわします。子猫は母猫のおっぱいを前足でもみながら飲みます。そのなごりで、安心して心地よいときにこのモミモミが見られます。

クンクン

指を猫に向けて差し出すと、鼻をくっつけてクンクンしてきます。これは仲のよい猫どうしが出会ったときに、鼻と鼻を近づけてにおいを確認しあう、猫流のあいさつ。気を許した相手に対して行うしぐさです。

クネクネ

あお向けでおなかを見せて体をくねらせるのは、とても安心した状態。内臓がつまっていてやわらかいおなかは、本来安全でなければ見せられない部分。また、メスがオスを誘うときも転がってクネクネします。

スリスリ

体をすりよせてくるのは、「わたしのもの」とマーキングをしているしぐさ。猫は額と耳のつけ根、あごの下、口まわり、しっぽなどに臭腺があり、顔や頭をこすりつけ、親しみをこめてにおいをつけていくのです。

おなかを
見せているのは
安心のサインなんだ

ペロペロ

猫の舌にはザラザラとしたブラシのような突起があり、この舌で全身をなめて、身だしなみを整えます。そのほか、毛づくろいには気持ちを落ち着かせる効果もあり、なにかショックやストレスを受けたときにも行います。

猫学
Cat study

猫雑学 Q&A

行動の疑問

Q 袋があると入りたがるのはなぜ?

A 森林で生活していた野生時代の猫は、敵におそわれる心配がない木の幹の穴を寝床としていました。穴が小さければ小さいほどぬくぬくと暖かく安全だったため、今でもせまい場所は落ち着くのです。袋だけではなく、箱やすき間なども気になってついつい入りこんでしまいます。

Q なんで猫は高い場所が好きなの?

A 猫の祖先は木の上で生活していました。これは外敵におそわれにくく、なわばりがよく見渡せるから。そのため、今でも猫は高いところにいると安心して強気でいられるのです。強い猫ほど優先的に高いところにいることができます。下にいる人間に対しても、もしかしたらボス気分でいるのかもしれません。

ここが落ち着くのよ

フシギな行動には
ちゃんと理由が
あるんだよ!

Q 新聞紙の上に乗るのは、じゃまをしたいの?

A 新聞や雑誌を読んでいるといつも猫がじゃまをしてくる、と思っている飼い主さんもいるかもしれませんが、それは誤解。人が「新聞を読む」という行動の意味は、猫にはわかりません。じゃまをするつもりは毛頭ないのです。ただ、じっと動かず一点を見ている飼い主さんの姿は猫にとってはなんだか不思議。つい気になってしまい、その視線の先に入って、自分の存在をアピールしたくなるのです。

Q なにもない場所に飛びついているのは?

A 小さな虫がいるのか、壁のシミを虫と勘違いして捕まえようとしているのかもしれません。また、とくに年が若い猫は、狩りの技術をみがくために遊びが必要です。なにもいなくても、ねずみや虫をイメージして追いかける遊びをすることもあります。このような幻覚遊びができる子は、知能が高い証拠ともいえます。

ここも知りたい!

壁の一点をジーッと見つめていることが……。

明確な理由はわかりませんが、猫はたしかになにもないところをジーッと見つめていることがあります。考えられることとしては、人間には見えない小さな虫を見つけたのかもしれません。しかし、猫は動く虫を見つけるのは得意ですが、「ジーッ」と顔を動かさないとなると、やはりなにもいないのかも……。人間には聞こえないくらい小さな音を聞くのに集中していて、一点を見ていることも考えられます。

Q 猫どうしが鼻をくっつけるのは?

A これは、猫流のあいさつです。仲よい猫どうしが会ったとき、「どうしてた? 変わりない?」といった具合でお互いの鼻と鼻を近づけ、においを嗅ぎあいます。鼻を完全にくっつけることはなく、ぎりぎりまで近づいて口のまわりのにおいをチェックするのです。飼い主さんが帰宅したときにも行います。「どこに行ってたの?」と確認しているのでしょう。

飼い主さんが帰宅してもにおいを嗅いで確認!

においは猫にとって、とても大切な情報源。そのため飼い主さんが帰ると、においを嗅いで外での行動をチェックするのです。よその猫のにおいがすると、「シャーッ」と威嚇する猫もいるでしょう。そして、ひとしきりにおいを確認したら、スリスリして自分のにおいを飼い主さんにこすりつけ、一安心となるのです。猫が近よってきたら、満足するまで存分ににおいを嗅がせてあげましょう。

Q くつ下のにおいを嗅いで笑ったような顔をするのは?

A 「フレーメン反応」といい、フェロモンなどのにおいを嗅ぐと起こる現象です。猫には、口の上あごの奥（口蓋）にヤコブソン器官という人間ではほとんど機能していない嗅覚組織があり、そこでフェロモンやマタタビなどのにおいを嗅ぐことができます。フェロモンを感じたら、口を大きく開けてそのにおいをヤコブソン器官にとり入れようとするため、その顔が笑っているように見えるのです。

マタタビ以外にも猫が陶酔するものがある!

すべての猫が同じものに反応するわけではありませんが、たとえば、石けんや軟膏、台所用洗剤、そして人のくつやくつ下など、フェロモンに似たにおいを感じると、猫は興奮して陶酔してしまうのです。うっとりすること自体は問題ありませんが、猫が口にすると有害なものもあるので、管理には十分に気をつけましょう。

Q 小さな箱やカゴに無理やり入っているのはなぜ?

A 「そこ、窮屈じゃないのかな?」と思うようなせまい場所に、猫が体をぎゅうぎゅうにして入っていることがあります。これは、自分の体の大きさを認識していないから。たとえば、子猫時代に猫が昼寝をしていた箱があるとします。安全に昼寝ができたため、翌日も同じ場所で猫は昼寝をします。これを毎日くり返せば、猫の体の大きさはいつの間にか箱の大きさを超しますが、猫はそれに気づきません。そのため、人から見ると窮屈そうな場所にも、猫としては「ちょうどよい」と思って入っているのでしょう。

Q 人の指や服をチュパチュパ吸うのはなぜ?

A 人間の指や服などを母猫のおっぱいに見立てて吸いついているのです。とくに眠いときに、このしぐさをすることが多いよう。眠くなると、ミルクを飲みながら寝ていた子猫時代を思い出し、母猫が恋しくなるのでしょう。このしぐさは、まだ子猫のうちに母猫から離され、しっかり親離れができなかった猫に多く見られます。飼い主さんが母猫にかわって、たっぷり愛情を注いであげましょう。

子猫は自分専用のおっぱいを決めることも!

子猫のきょうだいは、生後2～3日で、においや舌触りなどの好みから、自分専用のおっぱいを決めることがあります。まだ小さい子猫は自分で爪を引っこめることができないので、ちょっとしたケンカでもお互い傷だらけになる危険があります。自分専用のおっぱいを決めるのは、無用なケンカを避けるためだといわれています。

Q 甘えていたのに突然知らんぷり……。なんで？

A 甘えたいときに甘え、気がすめばプイッとどこかに立ち去っていく……実に猫らしい自由な行動ですが、猫にとっては当たり前のこと。集団生活をせず、単独生活をしていた猫は、相手にあわせたり、がまんしたりしません。つねに自分の気持ちに忠実なのです。社会生活をする人間から見ると自分勝手に見えそうですが、悪気はありません。

⚠ 突然かんだりするのは体の不調かも

いっしょに遊んでいるときや、飼い主さんがただ歩いているときに突然足などにかみついてくるのは、ハンターの本能が刺激されたせい。しかし、お手入れ中にいきなりかんできたといった場合は、さわられたところが痛かったなど、ケガや病気のため猫が攻撃的になっていることが考えられます。温厚だった猫が急に攻撃的になったなど、性格が変わったように思われるときは、注意が必要です。

Q 帰宅すると玄関で待っててくれるのは？

A 帰宅したらすでに猫が玄関で待っている！ という経験をしたことがある人は多いでしょう。猫は非常に耳がよいので、飼い主さんの微妙な足音を聞きわけ、玄関を開ける前から飼い主さんの帰りをわかっています。

家の中は猫にとって自分のなわばり。飼い主さんの帰宅に気づいたらお出迎えをして、外でつけてきたにおいを嗅ぎ、「おかえり！ 外でなにか異常はなかった？」と確認しているのです。

Q 「夜の集会」ではなにをしているの？

A 夜中や明け方に、神社や公園、駐車場などのスペースにどこからともなく猫が集まってくる「夜の集会」。集まったところで、とくになにもしません。お互いに少しずつ距離をおいて座っているだけ。何事もなくすごしたあと、猫はそれぞれの場所へ帰っていきます。テリトリーの中にどんな猫がいるのかを確認しあっているという説もありますが、なぜ集まるのかはっきりしたことはわかっていません。

気持ちの疑問

Q 猫は飼い主のことをどう思っているの?

A 猫にとって、ごはんをくれて生活のすべての面倒をみてくれる飼い主さんは、母猫と同じ存在。生涯を飼い主さんによって守られるので、ごはんや寝床の心配をせずにすみ、子猫のようにずーっと甘えて生活していけます。

ですが、ときには飼い主さんを母猫以外の存在と思うことも。遊びたくてじゃれてくるときは、きょうだい猫の気分でしょう。つかず離れず距離をとっているときは空気のように思われているのかも。猫にとって実に便利な存在なのかもしれませんが、いずれにしても、猫にとってさまざまな存在を担う飼い主さんは、かけがえのない家族なのです。

Q 猫も寝ているときは夢を見ているの?

A 睡眠には、レム睡眠（浅い眠り）とノンレム睡眠（深い眠り）があります。レム睡眠は、体が眠っていて、脳が半分起きている状態のことをいいます。このレム睡眠のときに人は夢を見ますが、猫にも、レム睡眠の状態があるので、どうやら夢も見ているようです。寝言でうなったりする猫もいます。そんなときは、ケンカの夢でも見ているのかもしれません。

ここも知りたい!

寝ているとき、体がピクピクけいれんしているのは病気?

人は睡眠中、まぶたの下で目玉がギョロギョロ動いたりします。これは、レム睡眠中に起こる現象ですが、猫の場合は、目玉以外にもまぶたや口、足など、体中がピクピク動くことがあるのです。なぜなら、ふだん体の筋肉は勝手に動かないよう抑制されていますが、レム睡眠中は、その抑制する機能も眠っているため。「けいれんか?」と心配になりますが、病気ではないのでご安心を。

Q 猫に好かれる人って、どんな人?

A どんな動物でも危険な存在は回避するものです。攻撃してこない、安全な人というのが、まずは絶対条件。猫が嫌いで、猫を見ると「コラッ」と追い払う人はもちろん、猫が大好きで「かわいい!」と追ってしまう人も、猫にとっては攻撃されたのと同じ。猫に危険人物と認識されます。猫のじゃまをしない、落ち着いて接してくれる人が猫には好まれます。

毛の柄の疑問

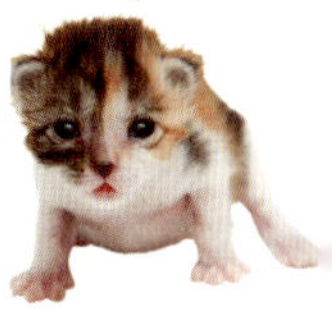

Q オスの三毛猫はなんで珍しいの？

A オス猫の性別を決める染色体はXYで、メス猫はXX。毛色を決める遺伝子は、この「X」の染色体にのっています。メス猫は、Xを2つもつので、1つのXに黒、もう片方に茶色の毛色になる遺伝子があれば三毛猫になることがありえます。しかし、オス猫はXを1つしかもたないので、理論的には黒か茶色のどちらかの毛色にしかなりません。したがって白・黒・茶色の三毛猫はすべてメスだということになります。ですが、ごくまれに、突然変異によってXXYという染色体をもったオスの三毛猫が誕生します。出生率は数万分の1ともいわれるほど、オスの三毛猫は珍しい存在なのです。

Q いちばん最初の猫はどんな模様だったの？

A 今ではいろいろな色や柄の猫がいますが、最初は茶系のしま模様の猫しかいなかったようです。もともと砂漠で暮らしていた猫にとって、いちばん目立たず保護色になってくれたのが、茶系のしま模様でした。ほかの色の猫が生まれても、目立ってしまい生き残ることが難しかったのです。現在のように人に飼われるようになり、多彩な毛色の猫でも生き残ることができるようになりました。

もともと自然界に長毛種はいなかった！

自然界では長い毛は枝などにからまりやすく、生きていくには不利だったため、現在のように長い毛をもつ猫は存在しませんでした。ペルシャなどの長毛種は突然変異により生まれ、長い年月をかけて品種改良され種として確立されたのです。ちなみに、数百年前にトルコで生まれたアンゴラが現在の長毛種の祖先だと考えられています。

Q きょうだいで違う柄が生まれるのはなぜ？

A 猫のきょうだいは別々の卵子から生まれるため、きょうだいでも同じ遺伝子をもっているわけではありません。また、メス猫は交尾の刺激によって排卵するため、複数のオスと交尾をすれば、父親の異なる子猫を同時に妊娠することもできるのです。父親が違えば、その遺伝子型も異なります。異なる卵子、異なる父親の遺伝子によって、色も模様もまったく違う子猫が生まれてくるのです。

猫が顔を洗うと雨が降る

「猫が顔を洗う」のは毛づくろいの一種。体がやわらかい猫は、背中やおしりのまわりなど体中を舌でなめて清潔にしています。さすがに顔や頭は直接なめるわけにはいかないので、前足を舌でなめてぬらし、洗っているのです。きれい好きな猫は毛づくろいが大好き。毎日やっているので、この噂がもしホントなら、毎日雨が降ってしまうことに！

猫は肉より魚が好き

猫が魚好きだというのは、実は日本ならではの話。つまり、日本人の思いこみです。基本的に、猫は子猫のときから食べ慣れたものを好んで食べます。日本で猫が魚好きだと思われているのは、昔から日本人が魚を好み、猫にもよく与えていたため、猫が喜んで食べる姿を見ていたからでしょう。そのため、肉を食べて育てば肉が好きな猫になるわけです。

猫は死に際を見せない

死期を悟ると姿を隠すというのは真実ではありません。実際は、具合が悪くなり、よくなるまでどこか静かな場所で落ち着きたいと身を隠しているのです。そのまま亡くなってしまった場合に、まるで猫が死期を悟っていなくなったような印象を与えるのでしょう。室内で飼われている猫であれば、具合が悪くなると、部屋のすみなどで静かにしています。飼い主さんをたよってそばにいてほしがる猫もいます。

猫は人より家につく

これは、ある意味ホントで、ある意味ウソ。集団生活をしていた犬は、飼い主さんを主人とし、散歩など、いっしょに行動することを喜びます。逆に猫は、どんなに大好きな飼い主さんでも、いっしょに外出するよりは、なわばりである家にいるほうが安心します。ですが一方で、飼い主さんとの関係が親密な猫は、飼い主さんと離れることにストレスを感じることもあります。猫は、人にも家にもつく動物なのです。

neko column

猫についての これって、ホント？

猫についてのいい伝えは数々ありますが、
これってホントなの？と思うことも。
検証していきましょう。

CHAPTER

5

遊びとコミュニケーション

猫が喜ぶなで方・遊び方や、かむ・ひっかくなどの困った行動の対処法など、猫とのコミュニケーション術をご紹介。

愛猫といっそう絆を深めるために、スキルアップを目指しましょう。

スキンシップ
Body contact

猫とスキンシップをとろう

健康チェックもかねて、スキンシップで絆を深めよう

飼い猫にとって、食事を与え、外敵から身を守り、生活の面倒を見てくれる飼い主さんは母親のような存在。おとなになっても、子猫気分で甘えてきます。そんなときは、優しく応じてあげましょう。飼い主さんになでられているとき、猫は親猫に体をなめてもらっていた、子猫時代の幸せな気分を感じているといわれています。こういった日々のスキンシップが、お互いの絆を深めるのです。

猫とのスキンシップには、健康チェックの意味もあります。抱っこしたりさわったりしたとき、体重や体温、どこか痛がるようすがないかなど、いつもと変わったところがないかもチェックしましょう。

猫と仲よくなるPoint

1 猫がいやがることはしない

いやがることをすれば、猫が警戒して信頼関係が崩れてしまいます。追いかけたり、乱暴に扱ったりするのはNG！　また、気まぐれで、予測不能な行動が猫は苦手です。驚かせるとパニックになることもあるので注意を。

2 遊びで信頼関係を築く

遊びの時間は、お互いの絆を深める絶好のチャンス！　最初は警戒している猫でも、猫じゃらしなどで遊びに誘えば、思わずのってきます。いっしょに遊ぶことで距離を縮め、じょじょに警戒心をときましょう。

3 適度な距離を保つ

さっきまで甘えてきたのに、突然知らん顔。気まぐれの猫にはよくあることです。そういうときは放っておいて、猫がよってきたら応じるのが、よい関係を保つポイント。お互いに依存しすぎず、適度な距離を保ちましょう。

4 甘えてくるときは応じてあげる

飼い猫は、おとなになっても「子猫気分」のまま。しっぽを立ててすりよってきたり、ゴロゴロのどを鳴らしたり、体をフミフミしたりするのは、甘えているときのしぐさです。母猫のように優しく応じてあげましょう。

猫が喜ぶなで方のコツ

なで方に決まりはありませんし、猫によってなでられて喜ぶ場所も違います。下記は一般的に猫が喜ぶといわれている部分。いろいろ試して猫が喜ぶポイントを見つけ、そこを重点的になでてあげましょう。なかにはおなかやわきの下、肉球などをさわると喜ぶ猫も。

額

毛の流れにそって、鼻筋から額にかけてなでます。手ぐしのような感覚でなでてあげると、気持ちよいでしょう。

あごの下

多くの猫が喜ぶ場所。指で強めにガシガシとなでたり、胸のあたりまでさするようにしてなでてもよいでしょう。

顔

猫がむずがゆいポイントなので、毛の流れにそって、ワサワサとなでると喜びます。ヒゲが抜けないように注意を！

腰

おしり（しっぽのつけ根あたり）をなでられたり、ポンポンとたたかれたりするのが好きな猫も。ただし、いやがる子はやめて！

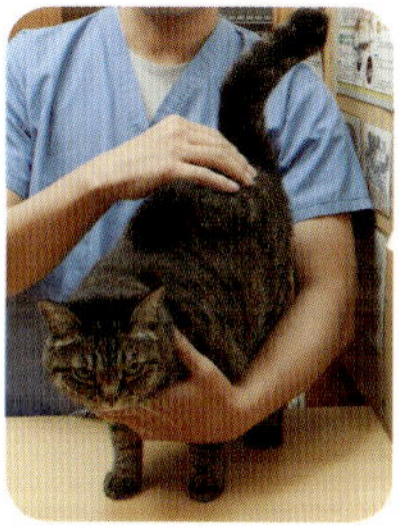

マッサージ

猫にもツボがありますが、それほど意識しなくても大丈夫。喜ぶのなら体をもんだり、つまむようにしてマッサージを。

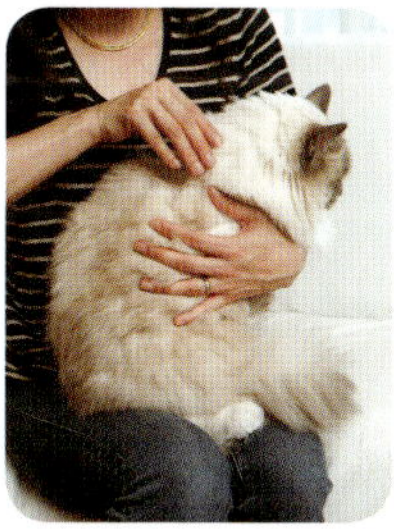

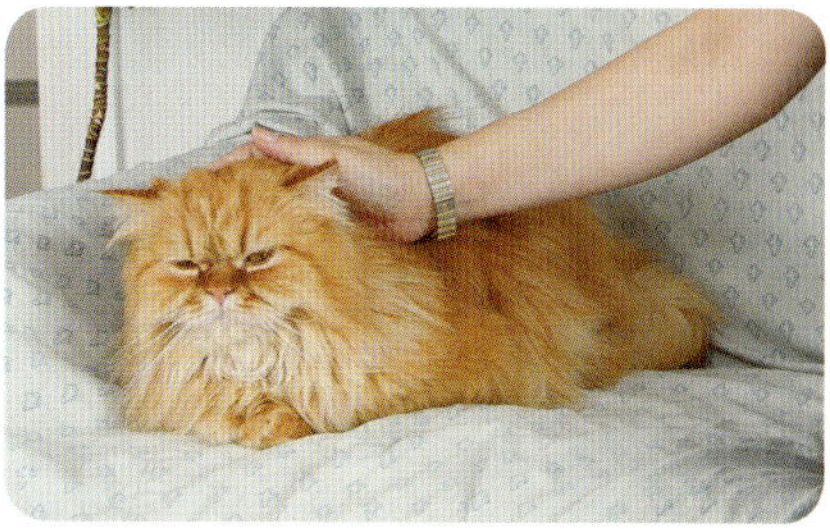

好みのなでられ方も、猫によって違います。なかには荒々しくなでられるのを好む子もいるようです。

ここも知りたい！

猫どうしのスキンシップのとり方は？

猫どうしのあいさつは、鼻キッス。人間でいう「こんにちは」「はじめまして」のような意味があり、このときお互いの口周辺のにおいをかぎあっています。また、親しい猫とは体をこすりつけあったり、なめあったりします。逆に顔をじっと見ることは敵意のあらわれ。お互いを知らんぷりすることで、無駄な争いを避けているのです。

指を差し出すと、鼻をつけて、においをかぎに来ます。初対面の猫には、この猫式あいさつをしてみましょう。

遊び
Play

遊びでもっと仲よくなろう

子猫にとって遊びは社会勉強。飼い猫はおとなでも遊ぶ!

子猫は遊びの一環として、きょうだいととっくみあいをします。単純に見える遊びですが、隠れたり、先まわりしたりと、なかなかバリエーションがあるもの。猫なりに頭を使って、工夫をしているのです。また、とっくみあいをすることで仲間意識を育てたり、手加減の方法を覚えたりと、さまざまなことを学んでいきます。

野生の猫の場合、おとなになるにつれて狩りや子育てで忙しくなり、遊ばなくなります。しかし、その必要がない飼い猫は、おとなになっても遊ぶのが大好き。1匹で飼っている場合、遊び相手は飼い主さんしかいないので、たっぷり遊んであげましょう。遊んでもらえないとストレスがたまり、夜に走りまわるといった問題行動に発展することもあります。

見逃さないで! 猫からの「遊ぼう」サイン

サイン1 おなかを見せる

子猫はおなかを見せて、きょうだいをとっくみあい遊びに誘います。同様に、飼い主さんにも同じポーズで遊びに誘います。

サイン2 スリスリする

スリスリするのは、甘えている証拠。「遊んでー」「かまってー」と訴えています。

サイン3 おもちゃを持ってくる

猫じゃらしやボールをくわえて来るのは、かなり積極的な遊ぼうサイン!

サイン4 じーっと見つめる

飼い主さんをじーっと見ているのも、かまってほしいときのサインです。

遊ぶことが大好きな猫は、遊んでくれる飼い主さんも大好き! いっしょに遊ぶことで、愛猫との絆をさらに深めましょう。

猫を楽しませる遊びのコツ

猫が喜ぶ遊び方のコツを覚えて、猫ともっと楽しく遊びましょう。猫の運動不足を解消するのにも、いっしょに遊ぶのがいちばんです。じゃらしなどを使うときは、獲物に似た動きをすることが基本。猫の狩猟本能を呼び覚まし、満足させてあげましょう。

心得　のってこなくても辛抱強く誘う

猫じゃらしを振っても、なかなか反応しない猫もいます。じーっと見ているなら、どうしようか考えているところ。慎重なだけなので、根気よく続けてあげて。時間はかかりますが、いずれ飛びついてくるでしょう。

時間　1日15分を目安に

猫のストレス解消のためにも、できれば毎日遊んであげましょう。時間の目安は、15分程度。猫は持久力がないので、これくらいで十分です。やりすぎると疲れてしまうので、終わりどきも見極めて。

遊び方2　バリエーションをもたせる

猫は飽きっぽいので、ときにはおもちゃをかえたり、違った動きをするなどして、バリエーションをもたせてあげましょう。まずは、愛猫がどんな遊び方を好むのか知ることも大切です。

遊び方1　狩りを想定する

もともと狩りをして生活していた猫は、動いているものに本能的に反応してしまいます。そのため、虫やねずみ、鳥などをイメージして猫じゃらしを振ってあげると、大ハッスル！　必死で追いかけて、とろうとします。

子猫はひとり遊びも大好き！おもちゃを用意してあげましょう。

子猫にねずみやボールのおもちゃを与えると、ひとりでも夢中で遊びます。とくに留守番のときは退屈するので、猫が食べてしまわないような安全なおもちゃを与えてあげましょう。おとなになるにつれて、ひとり遊びはしなくなりますが、それは動きが単純なひとり遊びでは、満足できなくなるからのようです。

遊び
Play

猫が喜ぶじゃらしの使い方

愛猫が好みそうなタイプのじゃらしで、好みの動きを！

ひとことで「じゃらし」といっても、手で振って遊ぶスタンダードなものや、釣り竿のようなタイプのものなど、いろいろな種類があります。素材もさまざまで、鳥の羽を使用したものはとくに猫の反応がよいようです。

振り方のコツは、獲物に見立てた動きで、猫の狩猟本能をくすぐること。猫が夢中になる振り方を、マスターしましょう。

獲物がとれないと、猫にストレスがたまります。最後は必ず捕まえさせてあげましょう。

Technic 1

床をはわせる

虫やねずみの動きを想定して、じゃらしを動かします。猫が食いついてきたら、床をはうようにして、猫から逃げましょう。

じゃらしを動かし、猫の興味をひきます。猫が飛びかかってきたら、猫にとられないように、床をはうように方向転換をして逃げて。

これを何度かくり返し、とられないように動かします。じゃらしを、円を描くようにまわしたりするのも◎。最後は捕まえさせてあげましょう。

Technic 2

物かげからチラッと見せる

物かげからチラッと見せるようにじゃらしを振ると、狙いを定めて飛んできます。小物やカーペットなどの下からチラッと見せるのも効果的。

ドアや扉から

じゃらしの先だけを見せて振ります。ゆっくり動かしたり、急に動きを止めたりするとよいでしょう。

物の下から

クッションなどの下から、じゃらしをチラッと出します。そのあと隠したり、チラッと出したりをくり返します。

Technic 6
ジャンプさせる

釣り竿タイプのじゃらしを使って、鳥をイメージした動きをします。最後はジャンプをさせてあげましょう。運動量が多い猫におすすめですが、ケガのないように広い場所で行って。

じゃらしをバサバサと振ったり、ちょこちょこと動かしたりします。猫が気づいたら床をはわせたり、円を描くようにして、逃げます。

じゃらしを2~3回連続してはね上げます。最後は捕まえさせてあげると、猫は横になってかんだりけったりします。

猫の狩猟本能を最大限にかき立てるポイント

最後はじゃらしを捕まえさせて、猫に達成感を味わわせてあげることが大切ですが、何度か失敗させることも夢中にさせるポイント。「今度こそは!」と、ハンター魂に火がつくのです。
ですから、じゃらしを振るほうも、とられないようにすることが大事。猫が前かがみになっておしりをフリフリしたり、瞳孔が広がったりしたときは飛びかかろうとする合図なので、見逃さないようにしましょう。

Technic 3
体を使う

飼い主さんの体にじゃらしをはわせたり、隠したりするのも楽しいスキンシップになります。人に近づくのが苦手な子とも、ふれあうことでグッと距離が縮まります。

はわせる
じゃらしを足にはわせると、くらいついてきます。ただし、猫の爪を切ってから行いましょう。

隠す
Technic2と同様に、足の下からチラッとじゃらしの先を出したり、隠したりします。

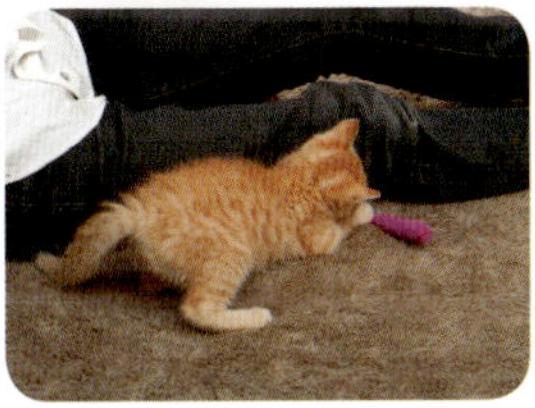

Technic 4
動かすスピードをかえる

規則的な動きだと、猫の狩猟本能は満たされません。早く動かしたり、ゆっくり動かしたり、小刻みに動かしたり……。ときには止まったりもして、動きに変化をつけます。ジグザグに動かすのもよいでしょう。

Technic 5
音を出す

反応がにぶい子には、音の出る猫じゃらしがおすすめ。わざと大きくカサカサと音を立てて、反応をうかがいましょう。猫に見られないように音を立てると、どこにあるか探します。

おもちゃカタログ

猫が喜んで遊びそうな、いろいろなタイプのおもちゃを集めました。愛猫のお気に入りを見つけてあげましょう。

＊商品のお問い合わせ先は巻末をご覧ください。

じゃらし

じゃれ猫羽ねっこ

やわらかくてフワフワの羽に猫が夢中。鳥に見立てて遊びましょう。2本つきなのもうれしい。／G

猫用じゃらし ロングワーム

にょろにょろしたイモ虫のような長いボディに、テープのしっぽつき。カラフルなのがかわいい！／K

じゃれ猫 ブンブン（バッタ）

バッタの羽が「カサカサ」と鳴り、猫の狩猟本能をくすぐります。本物の虫のように動かして！／G

キャットダンサー

ピアノ線の先についている紙ひもが虫のようにユラユラ動き、猫が夢中で遊びます。その姿はダンスしているよう。／J

デンタルケア

Petstages デンタルチューマウス

ねずみのネット部分をかむことで、デンタルケアまでできます。キャットニップが入っています。2個セットです。／D

オルカ キャットニップマウス

弾力のある素材は、クセになるかみ心地。ストレス発散になります。中におやつやマタタビを入れて。／D

ボール・ねずみ

じゃれ猫 暴走マウス

引いて離すと、猛スピードで駆け抜けていきます。その距離4メートル！　キャットニップ入りです。／G

キティーボール

シンプルですが、軽くてやわらかい素材なので、安心。転がしたり、投げたりして遊びましょう。／G

キャットトーイ キャットトリートボール

中におやつを入れ、コロコロ転がすと出てくる仕組み。猫がうまくとり出す方法を考える、知育玩具。／J

中に入って遊ぶ

ペット遊宅トンネル

トンネルつきで、カサカサ音が鳴る猫の隠れ家。中は肌ざわりのよいフリース素材なので、お昼寝の場所にもピッタリです。／G

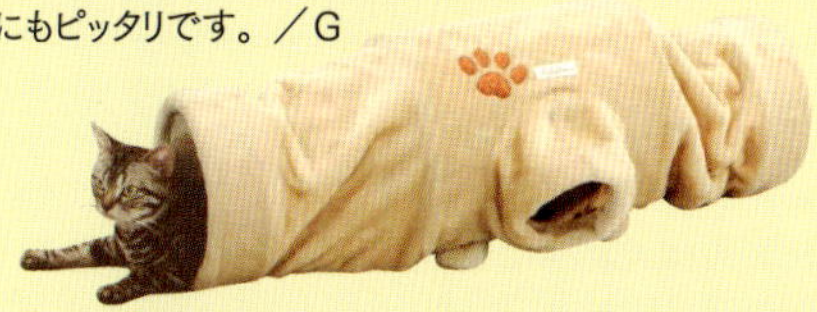

キャットプレイキューブ

シャカシャカと音が鳴る素材に、猫は大興奮。中にひもがぶら下がっているのも、猫は夢中。2個1セットになっているタイプも。／E

カリビアンクルーザー

ゆらゆら動く海賊船には、しかけがいっぱい！　思わず猫パンチしたくなる、ポンポンやリボンもついています。／E

シャカシャカ通り抜け袋

もぐるたびにシャカシャカ音がします。小穴からじゃらしを入れて、いっしょに遊びましょう。折りたためるのもうれしい。／K

ユニークグッズ

チューゲット

シートの中で、予測不能にスティックが動きまわります。猫は夢中で追いかけるので、運動不足の解消に。速度の調節もできます。／L

ひとりでハッスル

爪とぎもついた、ミニキャットタワー。3か所にボールがついています。留守番の退屈しのぎにもおすすめ！　簡単組立式です。／H

けりぐるみ エビ

猫が抱きついて、けりけりして、ストレス発散！　ハサミとしっぽの部分にはマタタビが入っており、猫ちゃんは大ハッスル。／K

Petstages チーズ・チェイス

つかめそうでなかなかつかめないボールを転がして遊びます。ゆらゆらと揺れるねずみは、キャットニップ入り。／D

じゃれ猫ボヨヨンパンチ リンリンスイング

ねずみをさわろうとすると、全体もゆらゆらスイングします。穴からチラチラ見える鈴入りのボールにも、興味津々！／G

neko column

猫が喜ぶ！もっと仲よくなれる！遊び方アイデア

猫を飼っている方々から、猫が喜ぶ遊び方のアイデアをうかがいました。

idea1 かくれんぼ

ドアや壁に隠れて猫の名前を呼び、（興味をひきそうな音を鳴らしてもOK）隠れます。猫がキョロキョロしはじめたらまた名前を呼んで隠れ、気づいて猫がかけ寄ってきたら「わっ！」と飛び出ていきます。ここからは、追いかけっこを楽しみましょう。

チラッと顔を出すのがポイント。猫に気づかれたら、すぐに隠れましょう。

idea2 ボール投げ

ボールを投げると、走って追いかけて、くわえてもって来る猫も多いようです。バリエーションとしては、ちょっととりにくいようなせまいところに投げたり、高く投げたり……。運動量が多いので、ダイエットにもおすすめです。ホイルなどを丸めてボールにしても。

idea3 ビニール袋を猫にかぶせる

ビニール袋の「カサカサ」は、猫が大好きな音。置いておくだけで入る子も多いようです。猫が入ったらビニール袋の上からツンツンとちょっかいを出したり、おおいかぶさったりすると喜びます。ただし、恐がる子はパニックになるので、注意を！

idea 4 リボンを持って歩く

猫が大好きなリボンやひも。ヒラヒラと動かせば、猫じゃらしのかわりにもなりますが、ただ持って歩くだけでも猫が追いかけてくるでしょう。たまに走ったり隠れたりするのも、猫のやる気に火をつけます。スズランテープなどでももちろんOK！

猫にとられないように逃げて遊びましょう。最後は、猫にキャッチさせてあげて。

idea 5 ダンボール

猫が大好きなグッズのひとつ、ダンボール。置いておけば必ず入るという猫も多いでしょう。猫が入ったら、トントンとたたいたり、持ち上げてみたりすると喜ぶ子も。フタを閉めてすき間から猫じゃらしを入れたりするのもよいでしょう。いろいろな遊び方ができます。

紙袋に入るのが好きな子も！　耐久性があれば、そのまま持って歩いてあげるのも◎。

idea 6 プロレスごっこ

子猫はきょうだいどうしでとっくみあいをするのが、遊びのひとつです。突然猫がかみついてきたりしたら、それはいわば「プロレスごっこをしよう！」というお誘いです。げんこつをつくるとそこに飛びかかって来たり、仰向けになってけろうとしたりするので、うまくよけましょう。ただし、猫が興奮しすぎるとケガをするので、注意を。かまれたりしたらサッと終わりにしましょう。

idea 7 壁にライトを当てる

ペンライトや懐中電灯で壁に光を当てます。猫が気づいて興味を示したら、虫の動きをイメージして、素早く上下左右に動かしましょう。猫はつかもうと必死で追いかけたり、ジャンプしたりしてきます。複雑な動きをすればするほど、猫の狩猟本能を刺激します。

興奮しすぎて、壁に傷ができてしまう場合もあるので注意を。爪を切ってから行いましょう。

「とれそうでなかなかとれない」のが、猫を夢中にさせるポイントです。とれたときは満足そう。

idea 8 とりにくいところにおもちゃを置く

お気に入りのおもちゃを猫が見ている前で、ちょっととりにくい場所に置きます。すると猫はどうやったらとれるかを考えます。手を伸ばしたり、ジャンプしたり……。最終的にとれたときは、猫も大満足！ 猫の知能を育てる遊び方です。

イスにあがればとれるかも！
ねずみのおもちゃ

idea 9 おもちゃを隠す

おもちゃを布の下などに隠します。音が出るものであれば、布の下から音を出してあげて。すると、猫は布の上から押さえこもうとしたり、布の下に入って、おもちゃをとろうとします。布の下に手を入れて、虫のような動きをしても、猫は追いかけてくるでしょう。

見つけたっ!!

idea 10 猫にとられないようにボールを投げる

ピンポン玉やボールなどを使い、人間ふたりでキャッチボールします。ゆっくり転がしたり、バウンドさせたりしていると、猫が気づいてとろうと割りこんで来るので、とられないように！ 多頭飼いをしているご家族にもおすすめ。みんなで遊べて絆が深まります。

idea 11 動かずに遊ぶ

背中の後ろでじゃらしを振ったり、チラッと見せたりします。猫が食いついてきたら、おなかのほうに持って行ったり、足のすき間に隠したりします。人間は手を動かすだけでOK。テレビを見ながらでも、寝っ転がってでも、遊んであげられます。

ひょい
ひょい
ひょい

お互いの体にふれあいながら行えるので、よいスキンシップになります。

neko column

安くて簡単にできる！ 手作りグッズ

家にあるもので、簡単に作れるおもちゃを紹介します。愛猫の好みを考えて作りましょう。

idea 1 手作り猫じゃらし

作り方

割り箸や棒を用意して、そこにスズランテープやひも、リボンなどを巻きつければ完成です。写真左はキラキラのモール、写真中央はスズランテープを束にしたもの、写真右はスズランテープで作ったポンポンをつけています。ひもにねずみなどのおもちゃをつけてもよいでしょう。スズランテープはカサカサと音が鳴るので、猫が喜ぶアイテムです。

idea 2 ダンボールキャットハウス

作り方

ダンボールに穴を開ければ、キャットハウスができます。猫が入れるサイズの穴はもちろんですが、小さい穴も開けると◎！　猫が入っているときにそこから指を入れたり、じゃらしを入れたりして遊べます。また、ダンボールの中にタオルを入れてあげれば、寝床にもなります。いくつも重ねればキャットタワーもできます。表面に絵を描いたりして、楽しみましょう。

idea 3 コング

なるほど！
転がしたらおやつが
出てくるんだね

作り方

穴からフードが出てくる、知育玩具を手作りします。まずは小さめの空のペットボトルに、フードと同じくらいの穴を2～3箇所ほど開けます。中にフードを入れてみて、その穴からフードが出ればOK。出なければ、もう少し穴を大きくします。完成したらフードを入れて、猫に向けて転がしてみましょう。においにつられてやって来て、猫がコロコロ転がして遊びます。

抱っこ好きの猫にしよう

猫がリラックスできる、安定感のある抱き方を

どんなに人なつこくても、抱っこだけは苦手という猫も多いようです。無理やり抱っこをすれば、さらに猫が抱っこ嫌いになるという悪循環におちいってしまいます。抱っこのコツを覚え、少しずつ抱っこに慣らしていきましょう。

猫がいやがらない抱っこのポイントは、安心できるかどうか。しっかりと抱きかかえ、下半身を支えます。ビクビクしながら行ったり、不安定な抱き方をすれば、猫が暴れるので注意しましょう。

寒い時期は猫がよって来やすいので、近づけるチャンス。ひざの上にのせることからはじめましょう。抱っこをするときは、手を温めておくなどの配慮を。

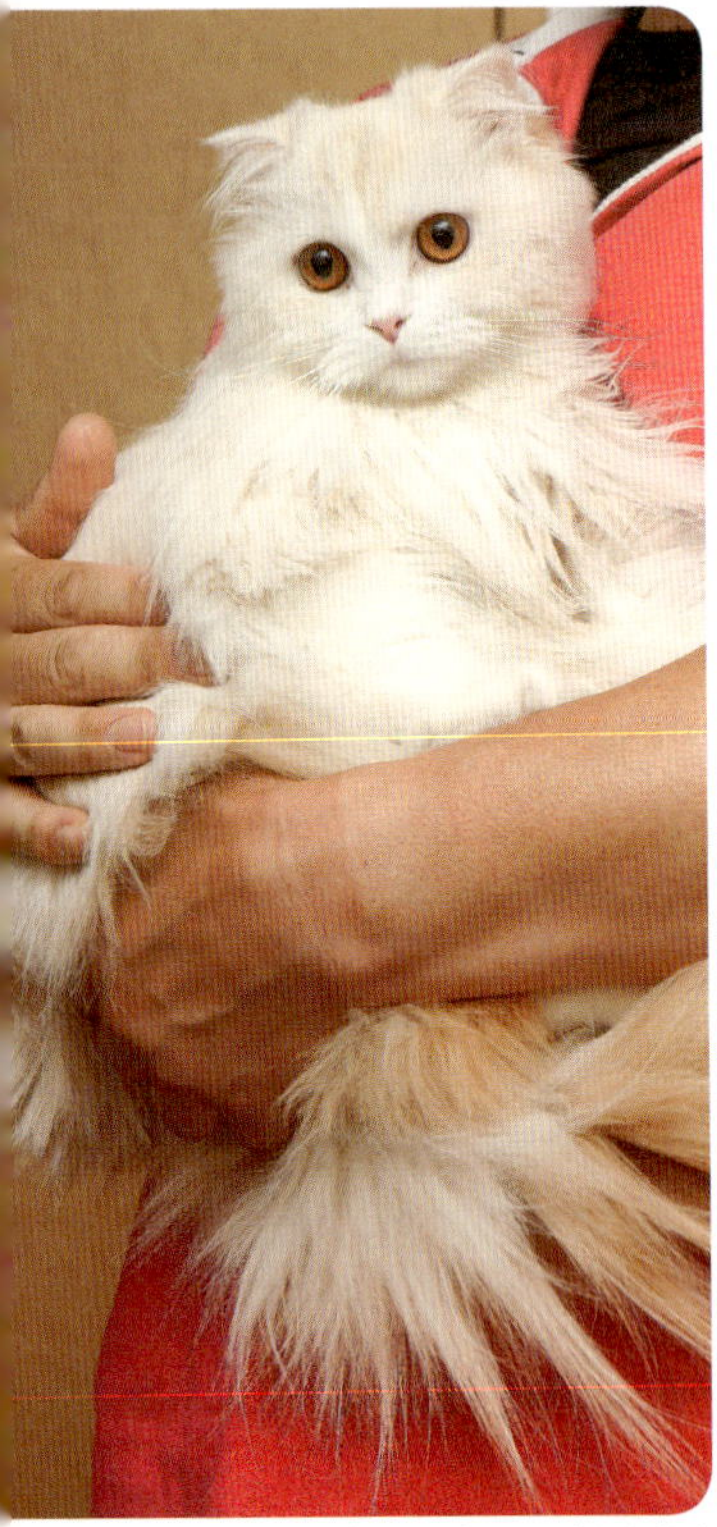

スキンシップとしてだけではなく、お手入れをするときや猫を移動させたいときなど、抱っこが必要なシーンも多いはず。日ごろから抱っこに慣らしておけば、いざというときも困りません。

抱っこ好きにするPoint

1 小さいころから慣らしておく

おとなになってから抱っこ嫌いを直すのは、なかなか難しいものです。少しでも抱っこに対する抵抗感をなくすように、可能であれば小さいうちから抱っこに慣らしておくとよいでしょう。

2 少しずつ練習する

まずはふれることやひざの上にのせることに慣らし、猫がリラックスしているときにそっと抱っこします。最初は短い時間にとどめ、だんだんと時間をのばしていきます。1日に数回、練習してみましょう。

3 ごほうびをあげる

抱っこをしたあとに好きなフードを与え、「抱っこされるとよいことがある」というイメージを与えます。また、抱っこをしながら優しく声をかけたり、なでてあげたりして、リラックスさせてあげましょう。

抱っこの方法

慣れるまでは、以下の3ステップで抱っこしましょう。猫が暴れても落ちないように、しっかりと抱きかかえて。ただし、きつく持ちすぎると猫が痛がるので、気をつけましょう。

1 リラックスさせる

猫がリラックスしているときにそっと近より、声をかけて優しくなでます。可能であれば、ひざの上にのせても◎。

2 上半身を持ち上げる

前足のつけ根あたりを持ち、上半身を持ち上げます。前足の間に人差し指を入れると、安定感が出ます。

3 下半身を支えて安定させる

もう片方の手で、おしりの下あたりをしっかり支えます。そして体に密着させれば、より安定感が増します。

ここも知りたい!

赤ちゃん猫を抱っこするときのポイントは?

赤ちゃん猫を抱っこするときは、前足のつけ根に親指と人差し指を入れて持ち上げ、下半身を支えます。首の後ろをつかむのはNG! 優しく抱っこしてあげましょう。

抱っこすると暴れるときは?

抱っこして猫が暴れたら、すぐに下ろしてあげましょう。無理に抱き続ければ、ひっかかれたり、かまれたりしてケガをする可能性があるので危険です。また、いくら抱っこの練習をしても、残念ながら抱っこ嫌いが直らない子もいます。それも個性だと思って、ほかの形でスキンシップをとりましょう。

抱っこをするときに気をつけること

1 背後からいきなり抱っこしない

後ろからいきなり抱っこをすれば、猫はびっくりしてしまいます。声をかけて、抱っこできそうだったら、優しく抱き上げて。

2 やめどきを見極める

おとなしく抱っこされていても、しっぽをバタバタさせはじめたら、イライラしている証拠。すぐに下ろしてあげましょう。

3 下ろすときは優しく

猫を下ろすときは、できるだけ床に近づき、そっと置いてあげましょう。

しっぽをバタバタさせたら
やめてのサイン!

しつけ
Discipline

かむのをやめさせたい

かむ理由を見極めて冷静に対処しましょう

子猫はよくかんだり、ひっかいたりします。たいていは「遊ぼう」とじゃれているのですが、かまれると結構痛いもの。これがずっと続いたら……と不安になりますが、おとなになればたいていは直るので安心してください。

猫がかむのには、実は理由があります。その理由がわかれば、対処法も見えてきます。下記を参考に、なぜかむのかを見極めましょう。ただし、猫は病気になったり、ケガをしたときに攻撃的になる傾向があります。もともと穏やかでかまなかった猫が、突然攻撃してくるようになったり、体にふれるとかんだりしてきたら要注意。不調のサインかもしれません。

理由を見極めよう

猫がかむのには、主に4つの理由があります。下記を参考に、かまれたときはまず理由を考えて。そうすれば、おのずと対処方法が見えてくるでしょう。

本能　獲物に見えてついつい……

歩いていたら突然かんできた、というときは獲物と勘違いしたのかも。動いているものに、ついつい反応してしまったのです。また、遊んでいるときにかんでくるのも同じ理由です。

怒　もうやめて！イライラするよー

体をなでているときや、ブラッシングなどのケアをしているときにかむのは、やめてのサイン。しっぽをバタバタさせたりしたら危険信号です。すぐにやめましょう。

欲求　○○してほしい！

「遊んで」「おなかすいた」といったように、なにか要望があるときや、気をひきたいときにもかんできます。これに応じるとかめば要望が叶うと勘違いするので注意を。

不安 恐怖　危険を感じ、攻撃する

緊張がピークに達すると、猫は攻撃してきます。動物病院に行ったときにかむのは、恐怖のあらわれです。そのほか、環境が変わったりすると、その不安からかむことも。

やめさせるには?

かみグセをそのままにしておけば、いつか大ケガをする可能性も……。とくにお子さんのいるご家庭は危険なので、やめさせる方法を考えましょう。「これなら絶対にかまなくなる!」といえる方法は残念ながらありませんが、いろいろと試してみて、効果的な方法を見つけましょう。

先輩飼い主さんからのアドバイス

うちはこうして直りました!

生後2か月でうちに来たときは、かみグセがひどくてもう大変! それから1か月後、もう1匹子猫を迎えたのを機に、かみグセがピタッとなくなりました。自分がかまれることで痛いと学習し、手加減を覚えるという話を聞いたことがありましたが、まさにそのとおりでした。

子猫の歯は細くて鋭いので、かまれるとかなり痛いものです。

○ 効果アリ

かまれたら、「コラ!」と大声でひと言。びっくりしてかむのをやめたら、猫の興奮がおさまるまで距離をおいて、無視します。あまり騒ぐと気をひくためにかむようになるので注意。

△ 効果があることも……

よくかまれる場所に猫の嫌いな柑橘系のものや、辛いものを塗っておき、「かんだら変な味がする」と覚えさせます。ただし、まったく気にしない子もいるようです。また、ふっと顔に息を吹きかけると、びっくりしてやめることも。

× 絶対やめて!

体罰はNG! 怖がって、さらに攻撃することもあります。信頼関係も崩れ、飼い主さんを怖がるようになることもあるため、やめましょう。

たたく人はキライよ!

かまれたりひっかかれたりして人にうつる病気がある

猫にかまれたりひっかかれたりして、うつる病気があります。かまれたら、すぐに傷口をアルコール消毒しましょう。日ごろから猫の爪を短く切っておくことも大切なことです。

猫ひっかき病

1割程度の猫が感染しているといわれるバルトネラ菌が原因。人間に感染するとリンパ節がはれたり、熱が出たりします。

パスツレラ症

猫の口や爪にいるパスツレラ菌が原因。人間が感染すると呼吸器疾患やリンパ節のはれが出ることも。抵抗力が落ちているときは注意。

遊びに夢中になると、かんだりひっかいたりしてしまうことも。

撮影
Photography

かわいく撮る！写真撮影術

撮影は楽しく！猫の自然な姿を撮影しよう

さまざまな表情を見せてくれる猫は、撮影にもってこいの被写体です。すぐに撮影できる場所にカメラを置いておき、シャッターチャンスを逃さないようにしましょう。ただし、警戒心の強い猫はカメラを向けたとたん、逃げてしまうこともあるので、カメラに慣らすところからはじめて。また、あまりにしつこくするとカメラ嫌いになってしまうので、ほどほどにしましょう。

子猫の期間は短いので、たくさん撮影しましょう。幸せそうに寝ている姿もお忘れなく！

じょうずに撮る Point

1 猫のペースにまかせる

自由気ままな猫の撮影は、なかなか思いどおりにいかないもの。しかし、あせらず、猫のペースにあわせ、シャッターチャンスを待ちましょう。そのほうが、思いがけない1枚が撮れることも。

2 たくさん撮る

デジタルカメラのよいところは、失敗した写真を消去できること。よく動く猫の写真はブレてしまうことが多いので、アングルを決めたら、念のため何枚かシャッターをきっておくとよいでしょう。

3 ブレないように

暗い場所だとブレるので、明るい場所で撮りましょう。猫が怖がるので、フラッシュは避けたほうが無難です。シャッターを押すときにもう一方の手でカメラを固定し、手ブレを防いで！

4 カメラの機能をフル活用する

最近のデジタルカメラにはさまざまな機能があり、動くペットをうまく撮影できるモードが搭載されていることも。そのほか赤目防止機能や連写モード、手ブレ防止機能などをうまく使いましょう。

5 猫に目線をあわせる

猫を正面からきちんと撮影するには、猫の目の高さにあわせたアングルから、カメラをかまえることがポイントです。すると自然な表情が捉えられ、猫の視点から見える景色も撮影できます。

猫が床にいるときは、しゃがんだり、床に寝っ転がったりして撮影しましょう。

Technic 1 カメラ目線で撮る

名前を呼んで振り向いてくれる猫は問題ありませんが、なかなかこちらに目線をくれない猫も多いでしょう。そんなときは、手を振ったり、おもちゃを見せたり、音を出したりして注目させます。

Technic 2 アップを撮る

じっと外を見ているときは、シャッターチャンス！

かわいい肉球は、アップでおさえておきたい！　寝ているときは狙い目です。

猫がリラックスしているときに、表情をアップで撮影してみましょう。マクロモードを利用するのも手です。肉球や目など、体や顔のパーツをアップで撮るのもかわいくておすすめ！

Technic 3 布や小物で演出する

布を敷くだけで、ガラリと印象が変わります。ソファの背もたれまで布をかけておけば、背景もバッチリ！

かごや箱などは、猫を撮影する際の定番アイテム。中に入りたがる猫も多いので、撮影もしやすい。

ときにはちょっぴり演出を加え、おしゃれに撮影してみましょう。バックに布や紙を敷いたり、かごや小物を使用すると、いつもと違う写真が撮れます。季節感のある小物を使用するのもおすすめです。

Technic 4 動きのある写真を撮る

あくびや伸び、毛づくろいをしているところなど、動きのある写真をとるのは至難のわざ。カメラをかまえ、辛抱強く待つしかありません。シャッターチャンスがやってきたら、何枚か連続で撮りましょう。

コミュニケーション
Communication

猫とのコミュニケーション Q&A

Q お客さまが来ると隠れてしまうのは直せない？

A 猫は警戒心が強い動物。玄関のチャイムが鳴っただけで、隠れてしまう猫もいます。むしろ、人見知りをしない猫のほうがまれでしょう。

せっかくお客さまが来たのだから、愛猫を見せたい！ という気持ちもわかりますが、猫が隠れてしまうのであれば、仕方ありません。無理に連れて来ても逃げてしまうだけなので、そっとしておきましょう。そうすれば、案外自分から出てくるものです。出てきても「おいで！」と過剰に反応したりせず、近づいて来るのを待ちましょう。

チャイムが鳴ったとたん、布団の中やすみに隠れてしまうという子も。

Q トイレに入ろうとするとついてきます……

A トイレやお風呂に入ろうとすると、猫もいっしょに入ってきた、という経験はありませんか？ 毎回だと困りますが、たまにだと「いつもそばにいたいのね」なんて、よい解釈をしてしまいますよね。確かに飼い主さんのそばにいたいという気持ちもあるかもしれませんが、いつも閉まっている扉の先が気になるからかも。なわばり意識が強いため、自分の目でどんな場所か確認したいのでしょう。

Q 猫と遊ぶ時間がなかなかとれません

A 猫はもともと単独で行動する生き物なので、基本的には1匹でも大丈夫。しかし、家の中でずっと1匹ですごしていれば、退屈でストレスがたまってしまいます。長く続けばトイレ以外でオシッコをするなどの問題行動が見られたり、飼い主さんを避ける可能性も……。1日に少しでもよいので遊んだり、ふれたりする時間をとってあげてください。

ここも知りたい!

旅行から帰って来たら、猫にそっけなくされるのは?

久しぶりの猫との再会に胸を躍らせて帰宅。「ただいま」と声をかけても、猫は無視……ということがよくあります。「もしかして忘れられてしまったの?」と不安になりますが、そういうわけではないようです。ひとりの時間に慣れてしまったため、今までのように接することにちょっぴりとまどっているだけ。飼い主さんがいつもどおり接していれば、猫も元に戻ります。

Q 呼んだら来るようにしつけられますか?

A 犬のようにしつけるのは難しいですが、不可能ではありません。多くの猫は自分の名前や「ごはん」ぐらいは覚えるので、その習性を利用し、「呼ばれて行ったらいいことがある」と覚えさせればよいのです。猫に「おいで」と声をかけ、猫が来たらフードをあげたり、なでてあげたりします。これをくり返しましょう。

Q 要求がとおるまで鳴いて訴えてきます

A よく鳴く子は、「子猫気分」が強いといわれています。「遊んで!」「ごはんちょうだい!」など、猛烈アピール。しかし、「しょうがないわね」などといつも応じてしまえば猫は「鳴いたら要求がとおる」と思い、行動はエスカレートします。ときには、無視をすることも大切。「鳴いてもしょうがない」と猫に思わせるようにしましょう。

犬に多い分離不安症に猫もなることも

飼い主さんが外出中にずっと鳴き続ける、留守中にトイレの失敗をしてしまう、過剰グルーミングをして脱毛してしまう……などという症状があれば、分離不安症かもしれません。これは、飼い主さんと離れることで強い不安を感じる、一種の心の病気。群れで生きる犬にはよく見られますが、猫はまれです。このような症状が見られたら、一度獣医師に相談してみてください。

Q いまだになつかない。ずっとこのままなの？

A のら猫や成猫は警戒心が強く、なかなか人間になつきづらいといわれています。すぐに距離を縮めようとあせらず、時間をかけて警戒心をといてあげてください。無理にさわったりしようとせず、なるべく放っておいて。同じ空間にいることに慣らし、「人間は怖くない、敵ではない」とわかってもらうことが、はじめの一歩です。なつくまで数年かかったという例もありますが、あきらめず、愛情をもって接してあげてください。

一般的に、生後3か月以内に飼えば、なつきやすいといわれています。

Q 父にだけなつきません。どうして？

A 人間と猫にも相性がありますが、もしかしたらお父さんは、大きな声を出したり、しつこくしたりといった、猫がいやがるようなことをしてしまったのかもしれません。まずは警戒心をとくことが大切なので、かまいすぎないようにしましょう。ごはんをあげたり、リラックスしているときに遊びに誘うなどして、時間をかけて信頼をとり戻しましょう。

ここも知りたい！

猫が苦手な人間のタイプって？

一般的に、猫は声が優しくて高い人、つまり女性のほうが好きだといわれています。特に動きがゆっくりで、危険がなさそうなおっとりとしたタイプの人には、安心感をおぼえるようです。逆に声が大きかったり、うるさかったり、猫が予測できない行動をする人は苦手……。これらに当てはまる子どもは、ちょっぴり苦手な存在のようです。

のら猫との接し方を考えよう――地域猫活動のとりくみとは？

一見、自由気ままに見えるのら猫ですが、その生活は過酷。交通事故、栄養不足、病気、暑さや寒さなど、さまざまな困難が待ちうけています。平均寿命は飼い猫が10〜15年であるのに対し、のら猫は約5年。さらに毎年約30万匹もの猫が、殺処分されています。

のら猫＝野生の猫というわけではありません。もともとは人間に飼われていた猫が、行き場を失った結果です。しかし、かわいそうだからといってごはんを与えていても猫が増えるだけ。なんの解決にもならないのです。

近年、「地域猫活動」という動きが活発になってきました。これは地域で外猫を管理し、ごはんの世話、避妊・去勢手術、糞尿の処理などを行う「のら猫を減らすため」の活動です。もちろん、すべての人が猫好きとは限りません。人間と猫がトラブルなく共生できる社会を実現させるためには、こうした活動がもっとも有効。1匹でも多くの命を救うために、私たちが今できることを考えてみてください。

Q 愛猫と一度はいっしょに寝てみたい！

A いっしょに眠れるチャンスは冬！ 寒くて、猫が布団にもぐりこんでくるのを待ちましょう。布団が温まったら少しめくり、もぐれる入口をつくって。猫が入ってみて、温かくて居心地がよいことがわかれば、「ここで寝よう」と思うかもしれません。ただし、警戒心や独立心が強い猫は、なかなか難しいもの。無理やり布団に引きずりこんでも逃げてしまい、いやな印象だけが残るので避けましょう。

Q なでようとすると、抵抗されます

A なで方に問題があるかもしれません。135ページを参考に、猫が喜ぶスポットをなでてみましょう。いきなりさわるのではなく、猫がリラックスしているときに、声をかけてから行うことも大切です。また、冷たい手でさわるのは避けましょう。あまりさわらせてくれない猫には、眠る前や眠っているときが狙い目。ただし、しつこくしすぎないように。

なでているときのおなか見せは「やめて」のサイン!?

なでているときに猫がおなかを出してゴロン。気持ちよさそうで、もっとなでてあげたくなります。しかし、実は「もうやめて」という意思表示の場合もあるよう。見極めが必要です。

また、人間にさわられたあとにその部分をなめていることがあります。それはいやだからではなく、毛並みを直したり、飼い主さんのにおいに自分のにおいを重ね、安心しているのです。

子どもと大の仲よしです!

「猫は子どもが苦手」といわれますが、そんなことはありません！ 生後2か月になるチョコちゃんと6歳の佑季くんは、とっても仲よし。いっしょに遊ぶ姿は、まるできょうだいのようです。

うちの猫の場合

チョコちゃん
（2か月）

遊び盛りのチョコちゃんにとって、佑季くんは最高の遊び友達。突然かみついて「遊ぼう!」アピールすることもしょっちゅうです。もちろん佑季くんは、お兄ちゃんらしく応じます。遊び方もなんともユニーク!

猫を飼ってから子どもが積極的になりました

「猫を飼いたい！」そう言い出したのは、佑季くん。そんなとき、ちょうどよいタイミングで、「子猫を飼わない？」とお声がかかったといいます。

「これは縁だなと思い、飼うことにしました。飼った当初は、チョコに会いたい一心で、すぐに幼稚園から帰って来ていましたね。今までは最後まで園庭で遊んでいたのに」とお母さんの前澤千恵さん。猫を飼うようになって、ちょっぴり引っ込みじあんだった佑季くんに、変化が見られたといいます。

「チョコのトイレ掃除を積極的にしてくれたり、遊び相手になってくれたり。お兄ちゃんになった気分なんでしょうね。以前より積極的になった気がします」

チョコちゃんが来てから、さらににぎやかになったという前澤さんご一家。これからの成長が楽しみです。

CHAPTER

6

猫の健康を守る

愛する猫には、元気に長生きしてもらいたいもの。
愛猫の病気やケガを防ぐには、まずは飼い主さんが
正しい知識をもつことです。また、いざというときには
慌てずに対処し、愛猫を守ってあげましょう。

病院
Hospital

信頼できる病院を選ぼう

大切な猫の健康を守るため、信頼できる病院を見つけよう

数多くある動物病院のなかからかかりつけの病院を選ぶ最大のポイントは、信頼できるかどうか。大切な愛猫の命をあずけるのですから、慎重に選びたいものです。猫の負担を考えれば家から近いことも大切ですが、飼い主さんの疑問にていねいに答えてくれる、診療費について納得のいく説明があるなど、病院の対応に誠実さが感じられるかも重要。飼い主さんと獣医師の相性も考慮したい点です。

　また、獣医師にも得意・不得意分野が当然あります。最近ではセカンドオピニオン（かかりつけの病院以外の病院をもつこと）も少なくないので、受診内容によって病院を変えることをおすすめします。

よい獣医さんを見つけるには?

猫が病気になってから動物病院を探すのでは遅いので、健康なうちに探しておくことが大切です。まずは口コミなどを頼りに、評判のよい病院をピックアップして。それから爪切りや健康診断、ワクチン接種などを理由に、実際にいくつかの動物病院に行ってみましょう。

よい病院を見極めるPoint

- □疑問点にきちんと答えてくれる
- □費用をきちんと提示してくれる
- □猫に対して優しい
- □病院内が清潔
- □猫に関する知識が豊富
- □飼育についてのアドバイスもしてくれる
- □近所の評判がよい
- □セカンドオピニオンに賛成してくれる

先輩飼い主さんからのアドバイス

こうしてよい獣医さんと出会えました!

今の動物病院は、インターネットの口コミサイトで知りました。決め手は、先生のお人柄。はじめて猫を飼ったのでいろいろ不安だったのですが、どんな小さな質問にも答えてくれ、飼い方のアドバイスまでしてくれたので信頼できました。猫に優しく声をかけながら診察してくれるのも、飼い主としては安心です。まずは行く前に電話をしてみて、病院側の対応を確かめてみるとよいですよ。

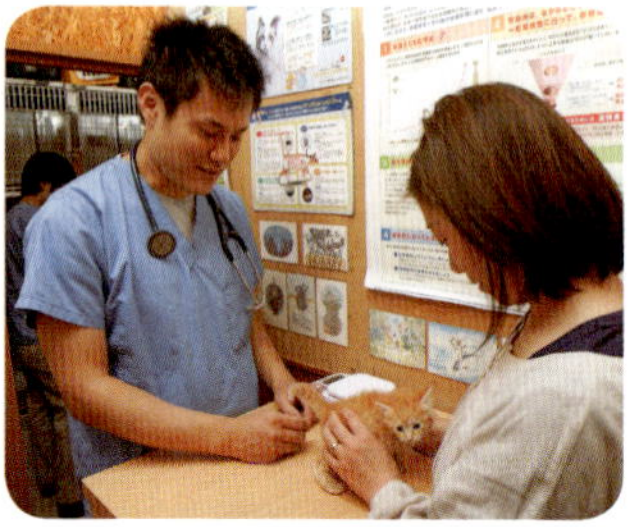

遠慮せずに、気になる点を獣医師に聞いてみて。その対応で信頼できるかがわかります。

動物病院に連れて行くときはキャリーバッグに入れて

動物病院の待合室には、ほかの動物もたくさんいます。ふだんはおとなしく抱っこができる猫でも、犬の鳴き声に驚いて脱走してしまうケースもあるので、必ずキャリーバッグに入れて病院に行きましょう。これは、伝染病などに感染するのを防ぐ意味もあります。
また、何度か動物病院に行って怖い思いをすると、「キャリーバッグ＝動物病院」と猫が覚え、キャリーバッグを見ただけで逃げ出すこともあります。いざというときにそれでは困るので、ふだんからキャリーバッグをベッドがわりに置いておくなどして、慣らしておくとよいでしょう。

ふだんと違う状況に猫はとまどいます。いつものように、優しく声をかけてあげましょう。

動物病院に連れて行くときに気をつけること

1 脱走しないようにする

動物病院の待合室では、絶対にキャリーバッグから出さないようにしましょう。また、猫を洗濯ネットに入れてからキャリーバッグに入れてあげると、脱走予防になります。体が包まれることで、安心する猫が多いようです。

2 待ち合い室では静かに

重病だったり、人嫌いだったりと、どんな事情を抱えたペットが来ているかわかりません。ストレスを与えないよう、騒いだり、断りなくほかのペットにふれたりしないようにしましょう。

3 病状をきちんと説明する

病状やふだんのようすを事前にメモをして行くと、スムーズに診察が受けられます。下痢をしたときはその便を、食事の相談ならふだん食べているもののパッケージを持参するとよいでしょう。

ここも知りたい!

猫が夜に具合が悪くなったら?

念のために時間外診療について、あらかじめ主治医と相談しておきましょう。緊急時には、緊急連絡先を教わっていればそちらに連絡を。ほかの夜間病院を紹介されていれば、まずは連絡を入れてから連れて行きます。かかりつけの病院以外で診察を受けたら、翌日診療時間内にあらためて主治医に診せるとよいでしょう。

焦らずに、まずは動物病院に連絡を!

避妊・去勢手術を受けよう

手術をすれば、問題行動や病気が予防できる

猫は年に数回発情期を迎え、メスは交尾をすれば100%に近い確率で妊娠します。オス・メスともに飼い猫に子猫を生ませる考えがないのであれば、避妊・去勢手術を受けることをおすすめします。

避妊・去勢手術にはメリットがあります。猫は発情期を迎えると、大声で鳴いたり、マーキングをしたりする場合がありますが、発情前に手術を受ければ、これらの行動が防げるのです。また、性ホルモンが関係する病気をかなりの確率で防げることもわかっています。かわいそうという意見もあるようですが、猫は「手術を受けて悲しい」とは思わないもの。むしろ手術後は、気分が安定します。

手術を受ける時期はいつがベスト?

手術を受ける時期の目安は、基本的には生後6か月以上、体重2kg以上とされています。ただし、獣医師によってさまざまな考え方があるので、いつ手術を受けさせるかは主治医と相談して決めましょう。

1才以上

発情期を迎えたあとに手術を行うと、発情期の問題行動がなくならない場合も。高齢になるほど体力が衰えるので、なるべく早めに。

生後6か月～1才

体力もつき、手術に適した時期。発情期を迎える前に手術を受けた猫は、生殖器系の病気にかかりにくいというデータもあります。

生後6か月未満

体力がないため、体にかかる負担が大きいでしょう。また、あまり早い時期に手術を受けると、成長に影響が見られることもあります。

ここも知りたい!

将来子どもを産ませたい場合は?

生まれたすべての子猫を育てることができるのか、里親をきちんと見つけられるのかを真剣に考えてから、繁殖を決めてください。交尾の相手を探す場合は、友人の猫や動物病院などに相談し、お見合いをさせて相性を確認するとよいでしょう。また、出産後、さらに繁殖させる気がないのであれば、早めに手術を受けさせてください（妊娠・出産に関するケアは、90ページを参照してください）。

発情のサイン

メスは生後4か月以降、オスはそれより少し遅くて生後5カ月くらいで、最初の発情期を迎えます。暖かい室内で生活する猫は、季節に関係なく年に2～3回発情期を迎えることもあります。

オス♂

- 壁などにスプレーをする
- 甲高い太い声で鳴く
- メスにのって首筋をかむ
- 生殖器をこすりつけたがる

オスで困るのがスプレー。ところかまわず、立ったままおしりを向けてオシッコをふきかけます。いつもよりきついにおいが特徴で、発情中のメスにアピールする目的があります。

メス♀

- 甲高い声で鳴き続ける
- おなかを見せてクネクネする
- しっぽのつけ根をなでるとおしりを突き上げる
- 外陰部をよくなめる
- 人やものに頭や首をこすりつける
- 食欲がなくなる

オスをひきつけるため、継続的に甲高い鳴き声を上げます。人間の赤ちゃんが泣くような独特の声が特徴。一晩中激しい鳴き声が続くことも。

手術で防げる病気

手術を受けると、下記のような性ホルモンが関係する病気のリスクが低くなります。逆に手術をしなければ、病気のリスクが高まるということです。また、術後は体重が増加する傾向があるので、肥満にならないように食事管理をしっかりしましょう。

乳腺腫瘍

乳腺に硬いしこり（腫瘍）ができます。左右4対の乳をもつ猫では、その分リスクも高くなります。最初の発情期を迎える前に手術をしておくと、発症の確率が低いことが明らかになっています。

乳腺炎

乳汁が乳腺にたまって細菌に感染すると、乳腺が炎症を起こし、乳房がはれたり熱をもったりします。妊娠する可能性がなければ乳腺が発達することもなくなるので、発病の心配は少なくなります。

卵巣がん

ホルモン分泌過多により起こる病気で、交尾経験のないメス猫に多く見られます。細胞分裂が激しい卵巣は、転移・再発がこわい器官。避妊手術によって卵巣を摘出してしまえば、当然起こりません。

子宮蓄膿《ちくのう》症

子宮に細菌が入り、膿がたまってしまう病気。発情して妊娠してもよい状態になった子宮は、細菌が繁殖しやすい状態でもあります。避妊手術によって子宮を摘出すれば、かからずにすみます。

精巣がん

精巣（睾丸）に腫瘍ができる病気。睾丸が大きくなるのが特徴です。去勢手術によって睾丸をとってしまえば、かかる心配はありません。また、治療するときも去勢手術で転移を防ぎます。

受ける病院によって手術はさまざま

ひとことに避妊・去勢手術といっても、使用する麻酔薬や器具、術後何日間入院させるか（日帰りの場合もある）など、動物病院によってそれぞれ手術スタイルが異なります。それによって手術費用もかなり異なるので、事前に確認しておきましょう。
オスの去勢手術は睾丸を摘出するのが一般的で、抜糸も必要ありません。比較的簡単に行える手術なので、日帰りを推奨している病院も多いようです。一方メスは開腹して、卵巣と子宮を摘出するのが一般的（子宮のみ摘出する場合もある）。人間で考えれば大手術なので、1～2日程度入院させるほうが安心です。猫にストレスがたまってしまうと心配するのはわかりますが、自宅にいると傷口をなめてしまったり、激しく動いて傷が開いてしまう心配もあるので、入院させることをおすすめします。

手術費用の目安

オス 10,000～25,000円
メス 15,000～40,000円

手術の流れ

1～2週間前

術前検査を受ける

手術を受ける前に血液検査などを行い、病気はないか、手術に耐えられるかどうかなどを調べます。このときに、費用がいくらかかるか、手術の方針なども聞きましょう。

→

前日

食事制限などを行なう

手術は全身麻酔で行います。麻酔中、食べたものを吐いてのどにつまらせると危険なので、決められた時間以降は絶食をさせます。なるべくおとなしくすごさせましょう。

→

当日

病院に連れて行く

決められた時間以降は水も絶ちます。指定の時間に病院へ行き、麻酔をして、手術が行われます。

【術後の注意点】

手術当日は食事を控え、しばらくは安静にすごさせます。傷口をなめないよう、エリザベスカラーや傷を隠す洋服を着せるのが基本。容態が急変したら、すぐに病院に連絡を。

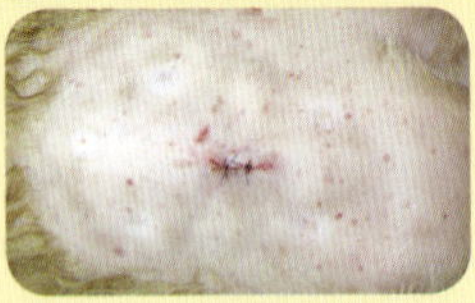

避妊手術をする際、おなかの毛をそります。

↓

1週間後

病院で傷口や経過を確認。メスの場合は、術後7～10日くらいで抜糸が行われます。

ここも知りたい!

手術後もスプレーが続く場合は?

手術前にすでにスプレーなどの発情行動が見られた場合、避妊・去勢手術を行っても、その行動が「クセ」になっていて続くケースも。一般的にはじょじょに減っていきますが、一生続くこともあります。スプレーされたくない場所に猫の嫌いな柑橘系のにおいをふきつけたり、アルミホイルなどでカバーしたりして対応しましょう。

術後に太るのはなぜ?

手術後はホルモンバランスが変わるため、代謝が落ちるといわれています。そのため、与えるフードの量を以前と同じにしていれば、当然猫は太ってしまいます。去勢・避妊手術後用のカロリーを抑えたフードも市販されているので、利用するのもよいでしょう。

術後は食べすぎに注意!

きょうだいで去勢手術をしました

去勢手術日記
うちの猫の場合

カタギリくん（8か月）　ヤツイくん（8か月）

本書のデザインを担当しているNILSONの看板猫、ヤツイくんとカタギリくん。モデルとしても随所に登場してくれている2匹が、去勢手術を受けました。

ヤツイくんが先に病院へ

1匹残されたカタギリくん

まだスプレーなどの問題行動は見られませんでしたが、8か月を機に去勢手術を受けることにしました。獣医さんと相談して1匹ずつ受けることになったので、まずはヤツイが病院へ。離れたことがなかった2匹なので、残されたカタギリはこころなしか淋しそうでした。

ヤツイくん退院。入れ違いでカタギリくんが病院へ

カタギリくん手術中

念のためヤツイを1泊入院させ、朝迎えに行くときに、入れ違いでカタギリの手術が行われました。1日ぶりに戻ってきたヤツイは、とても興奮ぎみ。いつもと違う声で鳴いたり、ふだん以上に甘えたり……。やっぱり手術前と体の調子が違うのかな。でも、元気そうなのでひと安心。

2匹とも無事に終了

翌日、カタギリも無事に退院。久しぶりのご対面です。お互いのおしりをかぎあう2匹。「あれ？　いつもと違うぞ」と思っているのかな。カタギリもヤツイ同様に、鳴いたり甘えたりしました。なにはともあれ、無事に終わってよかった。でもオスの去勢手術は本当に簡単で、あっけなく終わることに少し拍子抜けしました。

仲よしなのは術後もいっしょ

手術後は2匹そろって興奮気味で、甘えん坊でした

完全室内飼いであるものの、発情を迎える前に去勢手術を受けることにしたという飼い主の望月さん。手術後の猫たちのようすをうかがいました。

「1泊入院して戻ってきたときは、2匹ともとても興奮ぎみで、いつもと違う大きな声で鳴いていました。ウロウロしたり、過剰に甘えたり。かと思うと寝ていたり。2匹とも明らかにいつもと違いましたね」

慣れない病院に長時間いて、不安だったのでしょう。この状態は2日間続いたといいますが、その後は以前と変わったようすはないそう。術後は太るといわれているので、食事を少し減らすことにしたそうです。

術前

術後

睾丸がきれいに摘出されています。生殖機能がなくなると、なわばり意識が弱まり、穏やかになるそう。

健康チェックを毎日の日課に

日々の健康チェックで愛猫を病気から守ろう

猫は体の不調をことばで訴えることはできないので、猫の体や行動の異変から、飼い主さんが病気やケガに気づいてあげるほかありません。病気を重症化しないためには、早期発見・早期治療に努めることが肝心。そのために、毎日の健康チェックは欠かせません。また、体調の変化に気づくためには、ふだん健康なときの猫のようすを把握しておくことが大切。まずは下の項目を参考に、猫の基本データを知っておきましょう。

猫は体調が悪くても悟られまいとしますが、必ずなにかサインを出しているはず。異変に気づいたら、すぐに病院に連れて行きましょう。

愛猫の基本データを知ろう

ちょっとした不調のサインを見逃さないためにも、ふだんの猫の状態を知っておくことが大切。健康なときに基本データをとっておくとよいでしょう。また、定期的にデータをとり、異常がないかチェックすることも大切です。

体重

猫を抱っこして体重計に乗り、人間の体重を差し引いて計算します。抱っこが難しければ、キャリーバッグに入れてはかるのもよい方法でしょう。

体温

耳ですぐにはかれる、ペット用のものがあると便利。肛門ではかるときは、3cm程度体温計を入れて測定します。太ももにはさんではかる方法もあります。

健康の目安
38～39℃

呼吸数

猫の近くで胸が上下に動く回数を数えます。わかりづらい場合、猫の胸やおなかに手を当て、上下に動く回数を数える方法もあります。

健康の目安
20～30回/分

脈拍

太ももの内側や胸の下に手を入れて鼓動を15秒間はかり、その数に4をかけて1分あたりの脈拍を計算します。猫がリラックスしているときに行いましょう。

健康の目安
100～150回/分

食欲がない、ウンチがゆるいなど、猫の不調はさまざまなところに出ます。毎日のお世話やスキンシップをとおして、いつもと違ったようすがないか確認するように心がけましょう。

毎日したい健康チェックのポイント

□食欲はある？水は飲んでいる？

猫は食欲にムラがありますが、極端な増減が続く場合は要注意。飲水量の変化も病気の兆候の場合があるので、確認を。

□排せつ物に異常はない？

色、におい、量、回数に変化はないか確認。オシッコは1日以上、ウンチは3日出ていないときはすぐに病院へ行って。

□いつもと違うしぐさや行動をしていない？

歩くとき痛そう、動きが鈍い、体をずっとなめている、異常に興奮しているなど、いつもと違うところがないかを確認します。

□体にふれてみて、異常はない？

さわったとき痛がって鳴かないか、しこりや脱毛がないかを確認。痛いところがあると、さわられるのをいやがってかむことも。

体の部位別 健康チェック

不調のサインは、随所に出ます。体のパーツごとにチェックポイントがあるので、把握しておきましょう。

耳
- □耳の中が汚れている
- □くさい
- □頭をしきりに振る
- □かゆがる

目
- □目やにが大量に出る
- □涙が出る
- □瞬膜が出ている
- □充血したり、白く濁ったりしている
- □かゆがる

鼻
- □起きているとき鼻が乾いている
- □鼻水が出る
- □鼻血が出る
- □くしゃみをする

口
- □よだれが出る
- □口臭がする
- □口の中に斑点などがある
- □歯がぐらぐらしている

皮膚
- □傷や湿しんなどがある
- □かゆがる
- □脱毛している
- □体をしきりになめる
- □できものがある

ダイエット
Diet

太りすぎに注意を

猫は元来太りやすい体質なので、徹底した食事管理を！

猫はもともと太りやすい動物。これは野生時代のなごりで、食べたものから得るエネルギーを無駄にせず、余った分をためておく「倹約遺伝子」をもっているがゆえ。室内ですごす飼い猫は、運動量も少ないため、さらに輪をかけて太りやすい環境にあるのです。

体重が増える→動きが鈍くなる→カロリーの消費量が減る→さらに太る→動かなくなるという悪循環をくり返し、気がついたら肥満！という場合も少なくありません。人間と同様、肥満は万病のもと。とくに糖尿病、心臓病、関節炎、皮膚病などにかかりやすくなるので、徹底した食事管理を心がけましょう。

猫の肥満度をチェックしよう

猫の種類によって理想体重が異なるので、肥満かどうかをチェックするときは、下記の「ボディコンディションスコア（BCS）」でチェックしましょう。太りはじめの兆候が見られたら、すぐに対策をとって！

ボディコンディションスコア（BCS）基準

体重過剰	理想的	体重不足
全体的に脂肪がついている状態で、肥満の一歩手前。肋骨や背骨など骨格はさわってもわかりづらいくらい。腰のくびれはほとんどなく、腹部は丸くふっくらしています。肥満になると手でさわっても骨格はほとんどわからず、顔まわりにも脂肪がつきます。	体全体にわずかな脂肪がついている、もっとも理想的な状態です。肋骨は強めにさわると確認できますが、見ただけではわかりません。腰には適度なくびれがあり、腹部の脂肪は薄くつかめます。横から見ると、脇腹にひだがあります。	体全体がごく薄い脂肪で覆われている状態。手でさわると、背骨や肋骨などの骨格が確認できます。上から見たときに、腰がくっきりとくびれています。さらに栄養状態が悪くなると、肋骨や腰椎、骨盤などが見てはっきりわかり、おなかも凹んでいます。

床におなかがついたら
太りすぎだよ！

太りすぎたらダイエットを

飼い主さんが注意すれば、愛猫の肥満は防げます。日ごろから食事管理をして、太らせないように注意しましょう。それでも太りすぎたときは、ダイエットを開始して。獣医師に相談し、アドバイスをもらうとよいでしょう。1年に1kg減を目安に、ゆっくり気長に続けるのがポイントです。

ダイエットを成功させるPoint

1 食事制限をする

必要なカロリー量は年齢や性別、飼育環境で異なるので、まずは獣医師に相談を。フードはきちんとはかってあげましょう。

1日に必要なカロリー量の目安
体重1kgあたり
40～60kcal

2 運動させる

体が重くなり、だんだんと動かなくなり、気づけばどんどん肥満に……。遊んであげたり、上下運動ができる環境を整えたりして、運動量を増やす工夫を。

3 ダイエットの記録をつける

毎日なにをどのくらいあげたかを、ノートに記録しておくとよいでしょう。また、少なくとも週に1回は体重をはかり、記しておきましょう。

4 おやつをあげない

おやつが原因で太るケースも多いものです。一度与えるとクセになり、激しく要求してくるでしょう。しかしそれに屈せず、食事以外は与えないようにしましょう。

ここも知りたい!

多頭飼いしている場合のダイエットは?

多頭飼いの場合、食事制限をするのはなかなか難しいもの。ほかの猫が残したものを食べてしまい、肥満になることも少なくありません。ダイエットをさせるときは、どのくらい猫が食べたかを把握できるように、肥満の猫だけ別の部屋で食事を与えるようにしましょう。ケージを利用するのも手です。また、ほかの猫が食事を残したときは、速やかに片づけることも忘れずに!

多頭飼いの家では、強い猫がほかの猫の食事を横どりしてしまうことも。

健康診断
Medical examination

年に1回、ワクチン接種と健診を

ワクチンと健康診断で、愛猫の病気を防ごう

毎日健康チェックを行っていても、年に1回は動物病院で健康診断を受け、定期的にチェックしてもらうと安心です。老いがはじまり、不調が出やすくなる7才くらいからは、半年に1回は健康診断を受けることをおすすめします。

また、年に1回のワクチン接種も忘れずに！　完全に室内で飼われていても、飼い主さんが外出先から病原体をもち帰るかもしれませんし、万が一脱走してしまったときに病気にかかるかもしれません。

万が一に備え、ワクチン接種を受けさせるのは、飼い主さんの義務です。ワクチン接種を受けるときに、いっしょに健康診断を受けるとよいでしょう。

ワクチン接種で予防できる病気

ワクチンで予防できる主な病気は、以下のとおり。3種混合ワクチンと5種混合ワクチンなどがあります。どれを打つかは、動物病院で相談するとよいでしょう。このほか、単独で打つ猫免疫不全ウイルス感染症（猫エイズ）を予防するワクチンなどもあります。

病気	症状	3種	5種
猫ウイルス性鼻気管炎	感染した猫のくしゃみなどで飛び散った唾液や鼻水から感染。発熱、くしゃみ、鼻水、目やになどの症状が出る。	●	●
猫カリシウイルス感染症	初期症状は猫ウイルス性鼻気管炎と類似。さらに進行すると、急性の肺炎から最悪の場合死に至ることも。	●	●
猫汎白血球減少症	パルボウイルスにより腸などに炎症が起き、白血球が急激に減少。発熱、嘔吐、激しい下痢などで急激に衰弱する。	●	●
猫白血病ウイルス感染症	唾液やケンカの傷から感染し、発病すると回復しません。母胎感染が原因の場合もあります。		●
猫クラミジア感染症	クラミジアが目や鼻から入り、粘膜が炎症を起こす。激しい結膜炎、くしゃみ、鼻水、せきなどを発症。		●

ワクチン接種は必ず受けましょう

猫がかかりやすい上記の感染症は、感染すると最悪死に至ることがあります。これらはワクチンで予防することができるのですから、受けない理由はないはずです。受けたからといって100％予防できるわけではありませんが、かかったとしても軽度ですみます。ちなみに値段の目安は、3種混合で5,000～8,000円、5種混合で7,000～12,000円程度です。

大切な愛猫が元気にすごせるように、1年に1回のワクチン接種は必須！

基本の健康診断

元気に見えても、猫は具合が悪いのを隠そうとする性質があるので、気づいたときは病気が悪化していることも。手遅れにならないためにも、定期的に健康診断を受けましょう。

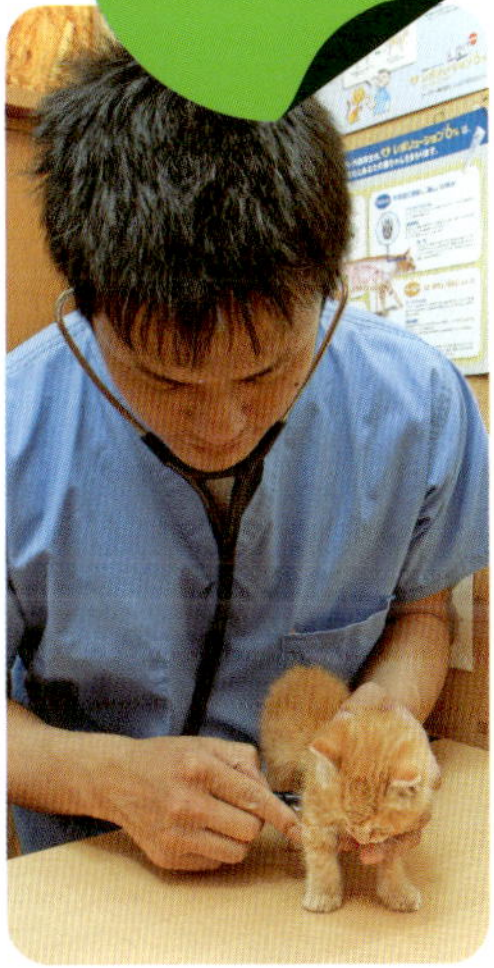

問診

猫の健康状態についての質問に飼い主さんが答えます。ふだんの猫の生活ぶりが診察の助けになるので、つね日ごろ猫の状態をチェックしておき、必要であればメモを持参しましょう。また、気になる点があれば獣医師に質問を。

身体検査

目や耳、口や毛並み、肛門まわりなど目で見るだけでなく、さわってみて、体中をくまなくチェック。リンパのはれなどがないかも確認します。聴診器で心音、肺音を聞き、脈拍に異常がないかも診てもらいましょう。

体重測定

体重を測定し、前回と比べて大きな増減がないかを確認します。ダイエットの必要がありそうであれば、獣医師のアドバイスを仰ぎましょう。

血液検査

血液を採取し、ホルモンや腎臓、肝臓に異常がないか、貧血がないかなどをチェック。結果が出るまで、1時間程度かかることも。

さらに詳しく調べたいとき

健康状態に不安があるときや、老化がはじまる7才くらいからは、さらに詳しい精密検査を受けるのもおすすめです。

心電図

心臓が動くときに発する電気を信号化して記録します。不整脈がないか、心肥大を起こしていないかなどがチェックできます。猫特有の心臓疾患も多く、若い猫でもかかる心配があります。

尿・便検査

尿検査は、膀胱炎や腎不全などの発見につながります。家で採取する際は、砂のない空のトイレにさせたりするとよいでしょう。便検査も、自宅で採取したもので調べることができます。

レントゲン検査

心臓、肝臓、腎臓、胃腸、呼吸器などを撮影し、それぞれの内臓の位置や形、大きさに異常がないか確認します。さらに内部の状態を知りたいときには、超音波検査で確認します。

超音波

おなかの毛をそり、スキャナーで臓器内部を確認。レントゲンには写りにくく判断が難しい臓器の状態や、腫瘍の有無、進行度あいなどがわかります。腎不全が発見されるケースも。

先輩飼い主さんからのアドバイス

年に1回の健診で病気が見つかりました

健康診断で腎不全と診断されました。幸い初期だったので毎日薬を飲ませ、フードを療法食に。数週間後に再度病院に行って検査をしたところ、だいぶ数値は安定したようでした。7才になりますが、以前と変わらず元気だったのでまったく気がつかず……。健康診断はするべきだと再認識しました。

猫がかかりやすい病気

症状と予防法を知っておき猫を病気から守ろう

猫は体調の悪さを隠す性質があります。それは、野生時代に弱っているところを見せると敵に襲われる危険があったなごりです。そのため、気づいたときには症状が深刻化していることも少なくありません。

今は猫が健康でも、猫がかかりやすい病気を知っておくことは、病気の早期発見の助けになります。猫の不調に気づいたら「ちょっとようすを見よう」と楽観視せず、なるべく早めに病院で診てもらいましょう。

また、性別によってや、猫種によってもかかりやすい病気があるので、とくに気をつけましょう。もちろん病気にかかる前に、予防をすることも大切です。

感染症　猫免疫不全ウイルス感染症（猫エイズ）

〈症状〉ケンカの傷による感染が多く、とくになわばり意識の高いオス猫は確率が高い。「無症状キャリア期」と呼ばれる潜伏期間を経て、発症すると免疫機能の低下、慢性の口内炎などが見られる。

〈予防・治療〉完全室内飼いにしていれば予防可能。一度感染すると完治は望めないが、発症しないこともある。発症を遅らせるには、ストレスを与えないことが大切。発症したら対症療法を行う。

感染症　猫白血病ウイルス感染症

〈症状〉多くは唾液中に含まれている猫白血病ウイルスに感染して起こる。母猫のおなかの中で感染することも。代表的な症状は、食欲不振、発熱、下痢、貧血などが挙げられる。

〈予防・治療〉ワクチンを接種すれば、予防できる。数週間から数年間の潜伏期間があり、発病すると回復は望めないため、対症療法で苦痛をやわらげながら病気の進行を遅らせる治療を行う。

親猫が猫エイズに感染している場合、子猫も感染している可能性があります。

感染した猫とケンカしたときにできた傷や、なめあうことで感染する可能性があります。猫エイズと同様、母猫から胎児へも感染しますが、外に出さなければ防げる病気です。

感染症

猫ウイルス性鼻気管炎

〈症状〉ウイルスによる「猫風邪」の一種。くしゃみ、鼻水、発熱、結膜炎などの症状が見られる。すでに感染している猫と直接接触してうつるほか、空気中に飛び散った鼻水や唾液などからも感染。

〈予防・治療〉ワクチンを接種して予防するのが基本。かかってしまった場合は放っておいても治らないので、二次感染予防のために抗生物質などを投与。完治させないと、ウイルスが一生体に残ることも。

感染症

猫《ねこ》汎《はん》白《はっ》血《けっ》球《きゅう》減《げん》少《しょう》症《しょう》

〈症状〉パルボウイルスが引き起こす致死率が高い病気。腸に炎症が起き、白血球が急激に減少する。発熱、嘔吐、血便などが見られ、とくに子猫では激しい嘔吐と下痢をくり返し、一気に衰弱する。

〈予防・治療〉ワクチン接種で予防可能。感染した猫にさわった手で飼い猫にふれると感染するので注意。二次感染予防のために抗生物質を投与したり、水分と栄養を補給して症状を軽減する。

感染症

猫カリシウイルス感染症

〈症状〉「猫風邪」の一種。人間の風邪とはウイルスの種類が違うので、人間にうつる心配はない。初期には、目やにやよだれ、涙が出たり、くしゃみが見られ、悪化すると鼻づまりや発熱が見られる。

〈予防・治療〉ワクチンで予防できるが、かかってしまった場合は、二次感染予防のために抗生物質などを投与する。体力のない子猫や高齢猫、持病のある猫だと命にかかわる場合もあるので、早期治療を。

感染症

猫クラミジア感染症

〈症状〉「クラミジア」という病原体から感染する「猫風邪」の一種。重症化すると、死亡してしまうケースもまれにある。くしゃみやせきが出て、目やにや涙、よだれが出る。

〈予防・治療〉ワクチンを接種すれば、予防できる。二次感染予防のために抗生物質を投与するなどの治療を行う。症状が軽いうちに対処できれば、早く治る病気。

感染症

猫伝染性腹膜炎

〈症状〉猫コロナウイルスに感染し、腹膜炎を起こす病気。おなかや胸に水がたまりふくれたり、食欲不振、発熱、下痢などが見られる。ウイルスの感染力は低いものの、発病後の致死率は高い。

〈予防・治療〉ワクチンがないので、室内飼いに徹して予防を。感染しても発病しないケースもあるが、発病すると完治は望めない。発病したら、ステロイドやインターフェロンによる対症療法が主。

消化器

胃腸炎

〈症状〉くさったものや冷たいものを食べたり、ウイルスや細菌に感染したりすることで胃腸が炎症を起こし、下痢や嘔吐をくり返す。脱水症状により衰弱が見られ、完治しないと慢性化することも。

〈予防・治療〉フードの傷みなどに気をつけること。感染症はワクチンで予防できることもある。治療は、点滴などで栄養を補給し、薬を投与して下痢や吐き気を抑える。

消化器

炎症性腸疾患（ＩＢＤ）

〈症状〉嘔吐や下痢がよくなったり悪くなったりを慢性的にくり返す代表的な胃腸炎。免疫介在性疾患で原因は遺伝性、食物アレルギー、細菌感染など複合的なものと考えられている。

〈予防・治療〉原因が明確ではないので、確実な予防法はない。軽症なら食事療法で治療できるので早期発見を心がけて。重症化すると、たんぱく質を激しく喪失し、腹水がたまることも。

消化器

内部寄生虫症

〈症状〉腸の中に寄生虫がすみつき、栄養を横どりしてしまうため、栄養不足や発育不全になり、食欲不振や下痢などの症状を起こす。おなかがふくれるなど、目で見てわかる場合も。

〈予防・治療〉まずは検査で虫の種類を特定し、その虫を駆除する薬を投与する。市販の薬は回虫用がほとんど。人にうつる寄生虫もいるので、定期的に駆虫薬で予防を。

消化器

腸閉塞《ちょうへいそく》

〈症状〉腸管内で内容物が通過障害を起こした状態。原因は、骨折や異物の誤飲、細菌性・ウイルス性腸炎による腸神経の麻痺などが考えられる。症状としては嘔吐や腹痛、便秘、食欲低下が見られる。

〈予防・治療〉まずは、異物を飲みこまないように注意を。また、下痢など腸の不調に早めに気づくことで、大事に至らずにすむ。緊急を要する場合が多いので、開腹手術で原因をとり除くこともある。

消化器

毛球症《もうきゅうしょう》

〈症状〉毛づくろいで飲みこんだ毛がうまく排出されずに、大きなかたまりとなって胃腸の動きを阻害する病気。食べたものがうまく消化できず、吐き気や食欲不振、下痢、便秘などの症状が出る。

〈予防・治療〉薬で胃の中にできた毛球を、ほぐして排出させる。日ごろからブラッシングをこまめに行い、飲みこむ毛の量を減らしたり、繊維質を多く含んだフードなどで予防を。

消化器

巨大結腸症

〈症状〉腸の機能が低下し、結腸に便がたまって異常に拡大する病気。結腸が拡大すると便を押し出す力が弱くなり、さらに排出できずどんどん便がたまり、慢性化すると、食欲不振、嘔吐が見られる。

〈予防・治療〉食物繊維を含んだ食事療法を行ったり、定期的に下剤や浣腸で便を出して治療する。重症になると手術で結腸を切除することも。便秘は早めに解消させて予防することが大切。

泌尿器

慢性腎不全

〈症状〉腎臓の組織がじょじょに壊れて機能が低下する病気。高齢猫に多く、ほかの病気が原因で発症することも。初期は無症状で、多飲多尿などの症状が見られたときはかなり進行していることも。

〈予防・治療〉ふだんから水を飲ませる工夫を。腎機能は一度壊れると治らないので、食事管理などで腎臓に負担をかけない予防、治療をする。とくに高齢猫は早期発見のために、尿量などをチェックして。

泌尿器

膀胱結石《ぼうこうけっせき》

〈症状〉膀胱内に結石ができ、それが膀胱粘膜を刺激することで膀胱炎や血尿、頻尿を引き起こす病気。比較的若い猫ではストラバイト結石、中～高齢の猫ではシュウ酸カルシウム結石が多い。

〈予防・治療〉尿路結石対策用の食事に変更したり、水をよく飲ませるようにする。ストラバイト結石であれば食事療法で結石を溶かせるが、シュウ酸カルシウム結石の場合は外科手術で摘出する。

泌尿器

膀胱炎《ぼうこうえん》

〈症状〉膀胱が炎症を起こす病気で、頻尿や血尿が見られる。多くが「特発症膀胱炎」で、ストレスが原因。そのほかの理由としては、膀胱結石、腫瘍、奇形、細菌感染などが考えられる。

〈予防・治療〉トイレが汚い、トイレの数が少ない、トイレが好きではないといったトイレのトラブルが原因であることが多いので、トイレ環境の見直しを。水を多く飲ませることも予防になる。

泌尿器

尿道閉塞《にょうどうへいそく》

〈症状〉尿道の出口にストラバイト結晶がつまった状態で、尿道の細いオスがかかりやすい。トイレに行ってもオシッコが出ない、血尿が出るなどし、下腹部がオシッコでふくれることも。

〈予防・治療〉リンやマグネシウムの過剰摂取が原因のことが多いので、日ごろの食事内容に注意。水をよく飲ませることが、予防につながる。治療はカテーテルで結晶をとり除き、膀胱を洗浄する。

猫の健康を守れるのは飼い主さんだけ。
複数飼いの場合も、1匹1匹の健康に目を配りましょう。

呼吸器

喘息《ぜんそく》

〈症状〉「慢性気管支炎」「アレルギー気管支炎」ともいわれ、せきや呼吸困難を起こす病気。空気中を浮遊するホコリや花粉、トイレ砂などのアレルギー症状によって気道粘膜が刺激されて起こる。

〈予防・治療〉アレルギーがあれば、病院で早めに原因を特定させる。それがわかれば、原因のアレルゲンや刺激物質と接触させないことで予防をする。症状がひどい場合はステロイドで治療することも。

呼吸器

気管支炎・肺炎

〈症状〉ウイルス性の猫風邪をこじらせて発症することが多い。乾いた空せきが続き、発熱などの症状が見られる。肺炎によって呼吸困難を起こすこともあり、重症化すると胸に痛みが出る。

〈予防・治療〉ワクチンを接種し、ウイルス感染を防ぐ。進行が早いので、一刻も早い治療が必要。抗生物質を投与し、蒸気吸入器や輸液などで症状をやわらげて治療する。

呼吸器

膿胸《のうきょう》

〈症状〉気管支炎や肺炎による激しいせき、事故、ケンカなどの外傷で胸壁や気管、肺などに穴があき、細菌が侵入して膿がたまる。深刻化すると呼吸困難になり、食欲の低下、脱水、発熱も見られる。

〈予防・治療〉ケガをしないよう室内飼いに徹する、ワクチンで猫風邪を防ぐなどの予防法がある。カテーテルや針をさして膿をとり除いて、洗浄し、抗生物質を投与して治療する。

悪性腫瘍

リンパ腫

〈症状〉リンパ球のがん。体の内部で進行するため、発見が遅れがち。腫瘍ができる場所によって症状は異なり、食欲不振や体重減少などが見られる。猫白血病ウイルスが関与することも。

〈予防・治療〉原因である猫白血病ウイルス感染症は、ワクチンで予防できる。発症したら、主に抗がん剤治療や放射線治療を行う。また、対症療法で苦痛となる症状をやわらげることも。

悪性腫瘍

肥満細胞腫

〈症状〉肥満細胞が腫瘍化して起こる。皮膚にできる場合と内臓にできる場合があり、皮膚では頭部に脱毛とポツッとひとつ小さなしこりができたり、体中にできたりする。若いシャム猫の発症例が多い。

〈予防・治療〉患部を切除する手術をするのが一般的な治療法。手術と並行して、または手術が困難な場合は放射線療法を行うこともある。日ごろから猫の体をチェックし、早期発見につとめて。

悪性腫瘍

乳腺腫瘍

〈症状〉乳腺に腫瘍ができる「乳がん」。猫では9割近くが悪性といわれ、高齢のメスはかかりやすい。胸のしこりやはれが見られたり、乳頭から黄色っぽい液が出たりし、肺やリンパ節に転移しやすい。

〈予防・治療〉早めに避妊手術を受けることで予防できる。治療は、手術で腫瘍や乳腺を切除する。放射線治療や化学療法を行うことも。ほかの臓器に転移している場合は、手術でとりきれないことも。

悪性腫瘍

扁平上皮《へんぺいじょうひ》がん

〈症状〉まぶたや耳、鼻、口腔内に発生するがん。紫外線の浴びすぎが原因であることも。炎症やしこりができて出血したりその部位が機能しなくなる。歯肉や舌の腫瘍は口臭、よだれが病気のサイン。

〈予防・治療〉とくに白猫（部分的に白い猫も）は紫外線の影響を受けやすいので、注意を。治療は腫瘍ができた部分を中心に切除し、同時に放射線治療、抗がん剤治療を施すことも。

内分泌

糖尿病

〈症状〉すい臓から分泌されるインスリンが不足するなどして、血糖値が異常に高くなる。腎不全や末梢神経症など、ほかの病気を引き起こすことも。多飲多尿、よく食べるのにやせるなどの症状が出る。

〈予防・治療〉肥満の猫がなりやすいので、食事管理をしっかり行い、運動不足にも注意を。高齢猫も注意が必要。治療は、継続的にインスリンを投与し、食事療法で血糖値を正常に維持する。

内分泌

甲状腺機能亢進症《こうじょうせんきのうこうしんしょう》

〈症状〉甲状腺ホルモンが異常に分泌され、新陳代謝がよくなってエネルギーを大量に消費する病気。食欲が旺盛になるが、食べてもやせていく。落ち着きをなくす、攻撃的になる、多飲多尿の症状も。

〈予防・治療〉高齢猫に多いので、早期発見を心がけて。手術で首のつけ根にある甲状腺の一部をとり除いたり、甲状腺ホルモンの分泌を抑える薬を投与したりする。

耳

外耳炎《がいじえん》

〈症状〉耳の穴の入り口から鼓膜までの外耳道が炎症を起こす。ケンカによる外傷、細菌やカビの感染、耳ダニの寄生など原因はさまざま。耳が赤くはれてかゆい、耳アカ耳ダレ、異臭などがする。

〈予防・治療〉こまめにチェックし、耳を清潔に保つことが大切。治療は耳をきれいに消毒し、原因に合わせて薬を塗る。慢性化しやすいので、悪化しないよう病院で早めに治療を。

耳をかいてしまう場合は、エリザベスカラーをして防ぎましょう。

目

結膜炎

〈症状〉まぶたの裏側と眼球の表面を覆っている結膜が炎症を起こす病気。猫ヘルペスウイルスなどが原因の感染症や、ケンカの傷が主な原因。目の充血、かゆみ、目やに、涙が見られる。

〈予防・治療〉ワクチン接種でウイルス感染を予防したり、飼い主が媒介しないよう、猫をさわるときは手や衣服を消毒することが大切。動物病院で点眼薬を処方してもらい、治療する。

目が赤い、涙が出ているなどの異常があれば、病院で目薬を処方してもらいましょう。

目

角膜炎

〈症状〉目の表面を覆っている角膜が炎症を起こす病気。猫ヘルペスウイルスや目に異物が入る、ケンカのほか、結膜炎、緑内障などが原因となることも。頻繁にまばたきしたり、目をこすったりする。

〈予防・治療〉目を傷つけないよう注意する。異物が入った場合は病院でとり除き、感染症の場合はその治療とともに、点眼剤で炎症を抑える。目をこすって悪化しないよう、エリザベスカラーで保護を。

目

緑内障

〈症状〉眼球内部の圧力が高まる病気。原因は、外傷、腫瘍、ほかの目の病気や感染症など。つねに瞳孔が開いたままとなり、悪化すると眼球が大きくなりすぎ、突出してしまう。

〈予防・治療〉ワクチン接種で感染症を防ぎ、目のケガ、目の病気にかからないよう注意を。治療は内服薬、点眼剤で眼圧を下げる。重症の場合は失明のおそれもあり、手術が必要な場合も。

鼻

鼻炎

〈症状〉鼻の粘膜が炎症を起こす病気。猫ウイルス性鼻気管炎、猫カリシウイルス感染症、花粉などのアレルギーが原因になることも。初期は、くしゃみ、水っぽい鼻水などが見られる。

〈予防・治療〉ワクチン接種でウイルス感染の予防を。症状が悪化すると膿っぽい鼻水が出て口で呼吸し、慢性化してしまうこともある。早期に発見し、早期に治療することが大切。

鼻

副鼻腔炎《ふくびくうえん》

〈症状〉鼻の奥にある空洞部分の副鼻腔が炎症を起こす。鼻炎が重くなって発症し、膿のような鼻水が出て呼吸が荒くなり、鼻筋がはれて熱や痛みが出る。さらに重症化すると蓄膿症になることも。

〈予防・治療〉ワクチンでウイルス感染を防ぐこと、鼻づまりを放置しないことが大切。軽ければ薬で炎症を抑えるが、重症だと鼻を切開して洗浄しなければならない場合もある。

皮膚

皮膚炎

〈症状〉猫で多いのは、ノミの寄生によりアレルギー反応を起こす皮膚炎。ホコリ、カビ、花粉などが原因の場合もあり、皮膚に赤い斑点ができ、激しいかゆみが生じる。脱毛したり、かさぶたになることも。

〈予防・治療〉ノミが原因の場合は、外用薬などで徹底的に駆虫する。部屋に掃除機をかけ、ノミの卵も駆除。そのほかに原因がある場合は、それをつきとめてとり除いていく。

皮膚

ざそう

〈症状〉下あごに黒いボツボツや赤い斑点ができるいわゆる猫のニキビ。皮膚の汚れや内分泌異常、ストレスにより、皮膚の細菌が増殖して発症する。悪化すると、かゆみや痛みを感じるようになる。

〈予防・治療〉体を清潔に保ち、予防する。皮膚が清潔かどうか、つねにチェックを。ブツブツができていても、拭いたりこすったりするとかえって悪化してしまうので、病院で治療を。

皮膚

皮《ひ》膚《ふ》糸《し》状《じょう》菌《きん》症《しょう》

〈症状〉皮膚にカビの一種の糸状菌が感染して起こる病気。体のあちこちに円形脱毛が見られ、かさぶたができ、フケも出るが、かゆみはない。ほかの病気で免疫力が低下しているとかかりやすい。

〈予防・治療〉ほかの猫や犬、人間にも感染するので接触を避け、部屋の消毒と通気性をよくして清潔を保ち、薬を塗ってしっかり治す。重症の場合は内服薬を。脱毛チェックをし、早期発見を心がけて。

皮膚

疥癬《かいせん》・耳疥癬

〈症状〉疥癬は耳のふちや顔にネコショウセンコウヒゼンダニが寄生。耳疥癬はミミヒゼンダニ（耳ダニ）が耳の中に寄生し、かゆみや炎症を起こす。発疹、脱毛、かさぶたができ、しきりにかく。

〈予防・治療〉主に外猫からうつるので、外に出さない、飼い主が媒介しないことが大切。外用薬や内服薬で猫に寄生するダニを駆虫。室内を掃除して徹底的に駆除し再発を防止する。

口

歯周病

〈症状〉歯肉炎が進行し、歯ぐきや歯を支える歯根膜、歯槽骨まで炎症が広がる。歯石や歯垢の細菌が原因。歯ぐきがはれてよだれや口臭がひどく、悪化すると歯が抜けたり、まわりの骨がとけたりする。

〈予防・治療〉予防は歯みがきで歯石、歯垢をためないこと。治療は、全身麻酔をかけて歯石をとり除き、薬で炎症を抑える。症状を抑えるため、抜歯をすることもある。

口

口内炎

〈症状〉歯石や歯垢の蓄積が主な原因で、よだれや口腔の粘膜、歯肉、舌にはれやただれが起こり、口臭がする。猫エイズや猫白血病ウイルス感染症によってかかりやすくなり、慢性化することも多い。

〈予防・治療〉口の中をチェックし、定期的に歯みがきをすることが第一の予防策。治療は、口腔内の洗浄、歯石の除去、抗生剤で炎症を抑える。炎症がひどいときには抜歯することもある。

症状別対処法

猫に異常があっても、「これくらいで病院に行くべき?」と悩むことも少なくないでしょう。しかし、ちょっとした症状やしぐさが、重大な病気を知らせるサインであることもあります。病院に行くべきか迷ったら、まず獣医師に電話をしてみるとよいでしょう。

食欲不振

猫が元気そうであれば、1日だけようすを見ても大丈夫

猫の食欲にはムラがあります。体調はよくて元気そうなら、1日くらい食べなくても問題はありません。ただし2日以上食べない、元気がないときは、病院に相談を。内臓疾患やストレス、口内炎などで口の中が痛くて食べられないことも考えられます。

吐く

吐いたあとケロッとしていれば問題なし。くり返すときは注意!

猫は毛玉などを吐き出すことがあるので、吐いても元気であれば心配はいりません。毎日や1日に何度も吐く、血が混じっているようなら病気の可能性も。すぐに病院へ連れて行きましょう。嘔吐をくり返すときは、飲食はしばらく控えてください。

便秘

習慣化しているなら、食事を見直す。トイレはつねに清潔に!

2〜3日便秘が続く、おなかをさわるといやがるときは病院へ。長引かせると巨大結腸症などになってしまいます。習慣化しているときも、獣医師に相談しましょう。猫はトイレが不潔だとがまんしてしまうので、つねに清潔にすることも重要。

下痢

数回ならあまり問題はないが、粘液や血液が混ざっていたら危険!

1、2回くらいの下痢でも、元気があれば半日ほど食べ物を与えずようすを見てもよいでしょう。下痢が続く場合は、ウンチの色や状態を観察し、異常があったらウンチを持参して受診を。ただし、子猫は衰弱してしまう危険があるので、すぐに病院へ。

尿が出ない

1日出ないと尿毒症の危険も。すぐに病院へ連れて行って

トイレに何度も行くのにオシッコが出ないのは、病気が疑われます。おなかを軽く押してオシッコがたまっているようなら、オス猫に多い尿結石など泌尿器疾患の可能性も。1日以上放っておくと尿毒素が全身に回ってしまうので、すぐに病院へ。

水をよく飲む

突然多飲多尿になった場合は、慢性腎不全などの疑いも

膀胱炎や膀胱結石の予防のために水を飲ませるのは大切ですが、いつもより水を大量に飲むのは体の異変が原因である場合も。多飲多尿は腎不全や子宮蓄膿《ちくのう》症、糖尿病などの病気の兆候でもあります。早めに病院で検査を。

かゆがる

ノミ、ダニがいる可能性も。人にうつる場合もあるので、早めに対処を

猫はかゆいとき、後ろ足でしきりにかいたり、口でかんだりします。原因はノミやダニ、アレルギー性皮膚炎、また、病気やストレスなど。ノミやダニの場合は人にうつります。病院で原因をつきとめ、悪化しないうちに治しましょう。

鼻水・くしゃみ

大量に鼻水が出る場合は、感染症の疑いもあるので、受診を

くしゃみを連発したり、大量の鼻水が見られるときは、猫風邪の可能性もあるので、受診を。透明な鼻水が悪化すると、膿のようになり鼻づまりを起こします。鼻水がこびりついて息苦しそうなら、ぬらした布で優しく拭きとってあげましょう。

脱毛

脱毛の原因はさまざま。病院で原因をつきとめて対策を

皮膚が透けて見えるほどごっそり抜けるのは異常事態。脱毛、湿疹、かゆみがあるのはノミアレルギー性皮膚炎など皮膚病の疑いがあります。また、内分泌系の病気や栄養障害、ストレスによる過剰グルーミングで脱毛が見られることもあります。

よだれ

猫のよだれは口内のトラブルが原因。悪化する前に治療を

口が炎症を起こしているなど、なんらかの異常が考えられます。悪化すればごはんが食べられなくなってしまいます。口の中にはれや赤みがないか、口臭がしないか確認し、病院で治療しましょう。また、薬物中毒や熱中症の可能性もあります。

熱っぽい

熱＋ほかの症状があるときは、迷わず病院へ行きましょう

いつもより体温が高く感じられたら熱をはかってみましょう。呼吸が荒い、暑くないのに冷たい床にうずくまっているのも発熱のサイン。安静にさせるときは体を冷やさないように。さらに鼻水、くしゃみなどほかの症状があるときはすぐに病院へ。

呼吸が荒い

肺炎や膿胸など、深刻な事態の可能性もあるので、受診を

浅くて速い呼吸や、ハアハアあえぐ、ヒューヒュー雑音がするのは異常と考えられます。気温が高いと悪化するので、ひとまず静かで涼しい場所で落ち着かせてから病院へ。歯ぐきや舌が青白いのは中毒のショック状態の疑いもあります。

ここも知りたい!

猫から人にうつる病気に注意!

猫から人にうつる病気があるのは事実ですが、予防をすれば感染を防げます。猫にさわったら手を洗う、過剰なスキンシップを避ける、部屋の掃除をきちんとするなどして、予防しましょう。

かまれたり、ひっかかれたりしてうつる病気に、猫ひっかき病やパスツレラ症などがあります（149ページ参照）。そのほか、猫の便の中にいる寄生虫が原因でうつるトキソプラズマ感染症や、皮膚にカビがはえる皮膚糸状菌症（177ページ参照）などもあるので、注意しましょう。

キスなど、過剰なスキンシップはがまんしましょう。

ケガ・事故
Injury
Accident

ケガや事故にあったとき

自己判断は危険。必ず病院で手当てを受けて

活発で好奇心旺盛な猫は、自ら危険に近づいてしまい、思いがけないケガを負うことも。家の中ですごしていても、やけどや骨折など、どんなトラブルに巻きこまれるかわかりません。

なにか起きたとき、自己判断で処置を行うと状態をさらに悪化させてしまうおそれがあります。ここで紹介するのはあくまでも応急処置の方法。まずは、動物病院に電話をし、指示を仰ぎましょう。そして必要であれば、応急処置を行ってください。

また、動物病院に連れて行く際、猫がパニックになっている場合は、かまれたり、ひっかかれたりしないように注意しましょう。

ケガや事故にあったときの心得

猫がケガや事故にあったときは、飼い主さんが落ち着いて、冷静に行動することがなにより大切です。大事に至らないように、すばやい対処を心がけましょう。

● パニックにならない

慌てて大声を出したりしないように。ただでさえ不安な猫を、さらに怖がらせてしまいます。冷静に行動しましょう。

● 動物病院に電話をする

自己判断で薬を使ったり、手当てしたりするのは危険です。まずは動物病院に相談し、指示を仰ぎましょう。

● 無理に動かしたり、ふれたりしない

傷口にふれて菌が入ってしまう可能性も。直接ふれたり、むやみに動かしたりしないようにしましょう。

● 水や食べ物を与えない

水や食べ物を与えるのは控えましょう。病院で麻酔をかけたときに吐いてしまう危険があります。

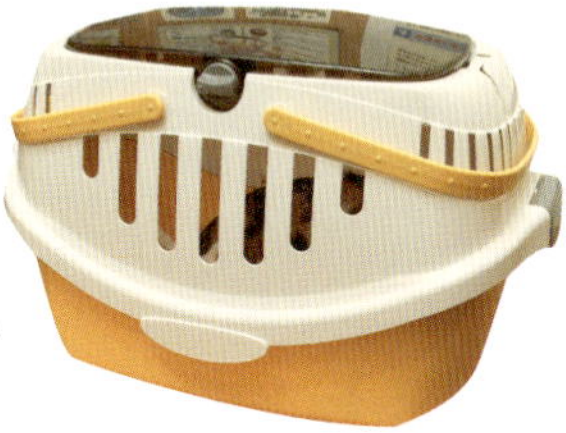

猫が暴れるおそれがあるので、病院に行くときは必ずキャリーバッグに。

ここも知りたい!

ペット保険は加入するべき?

保険がきかない猫の医療費。手術や薬代など、かなりのお金がかかります。ですから、万が一に備え、ペット保険に加入しておくのもひとつの手です。ペット保険にもさまざまな会社があり、保険料や補償内容もそれぞれ。加入する条件があることが多いですが、入ると決めたらどの保険会社が愛猫に適しているか、じっくり吟味して決めましょう。

メリットやデメリットは、人間の保険といっしょ。よく考えましょう。

いざというときの応急処置

出血している

軽く圧迫して止血を

まずは細菌の繁殖を防ぐため、ぬるま湯で傷口を流したり、ぬれたガーゼで傷口をケア。そして包帯や清潔なガーゼを傷口に当て、圧迫して止血します。出血がひどければ傷口より心臓に近い部分をひもでしばります。血流を止めないよう、出血が止まったら外しましょう。

骨折

動かさず病院へ

患部の神経や血管を傷つけないよう、できるだけ動かさないように病院まで運びましょう。

骨折のサイン

- 足をひきずっている
- 足をかばって歩く
- 食欲がない
- 動きたがらない

やけど

すぐに冷やして病院へ

やけどをしている部分に冷水でぬらしたガーゼや氷のうを当て、すぐに冷やします。全身の場合は、ぬれタオルで覆い、なるべく動かさないように病院へ。毛の下はやけどの状態がわかりづらいもの。数日して皮膚がはがれてくることもあるので、軽症でも必ず病院へ行って。

やけどの予防

調理中に台所の調理台にのって加熱した鍋などに接触し、猫がやけどをするケースも。台所は、猫にとってケガをしやすい場所なので、ふだんから乗せないようにしましょう。また、冬はストーブにも注意を。

熱中症

首の後ろを冷やす

猫がぐったりしていたら、すぐに涼しい場所に移動させ、氷のうを首の後ろに当てたり、ぬれタオルで全身を包むなどして体温を下げます。ただし、体温を下げすぎないようにようすを見ながら行って。落ち着いたら病院へ行きましょう。夏の暑い日は対策が必要。

おぼれた

肺に入った水を抜く

お風呂でおぼれたなどして大量に水を飲んだ場合は、後ろ足や腰を抱え、頭を下にして背中をさすったり、軽く上下に振ったりして吐かせましょう。寒がっているのであれば、ぬれた体を温めるため、タオルでくるみ、ドライヤーなどをあて乾かしましょう。

誤食

なにを誤食したか確認を

のどにつまって苦しがっている場合は、体を抱えて下を向かせ、背中を軽くたたいて吐き出させます。たたいても吐かない場合は中止し、すぐに病院へ。針やとがったものは無理に出そうとすると危険。ひもを飲みこんだときも、決して引っ張ったりしないこと。

猫に多い誤食

誤食で多いのは布や糸、ティッシュ、輪ゴム、トイレ砂など。便から出ればさほど心配いりませんが、ものによっては開腹手術が必要なことも。片づけをしていれば誤食は防げます。

薬
Medicine

薬のあげ方

スムーズな投薬方法を覚え、猫の負担を軽減させて

猫が病気になったときは、飼い主さんが薬を与えなければなりません。猫は当然いやがるので、スムーズに、素早く飲ませるコツを覚えておきましょう。

また、病院で人間用の薬を猫に使用する場合もありますが、自己判断で人間の薬を与えるのは絶対にやめて。最悪の場合は中毒になり、死に至ることも。与えてよいのは、処方された薬だけです。

薬をあげるときのPoint

1 猫に負担をかけない

飼い主さんがおどおどしていると、猫は不安がります。猫のストレスを最小限にしてあげるためにも、スムーズに薬を飲ませましょう。ポイントさえ覚えれば、簡単です。

2 自分の判断で中断しない

例外もありますが、基本的に薬は飲みきってこそ効果があります。「もう治ったから」と勝手に中断するのはNG!　治ったように見えても、完治していないことも。

3 服用の回数などを守る

猫の年齢や体重、症状にあわせた薬が処方されていますので、病院の指示どおりに薬を与えましょう。決められた時間に与えられない場合は、獣医師に相談を。

目薬のさし方

猫がリラックスしているときを見はからって、目薬をさしましょう。視界に目薬が見えてしまうと猫が怖がるので、なるべく見えないように、目尻あたりからさすのがポイントです。

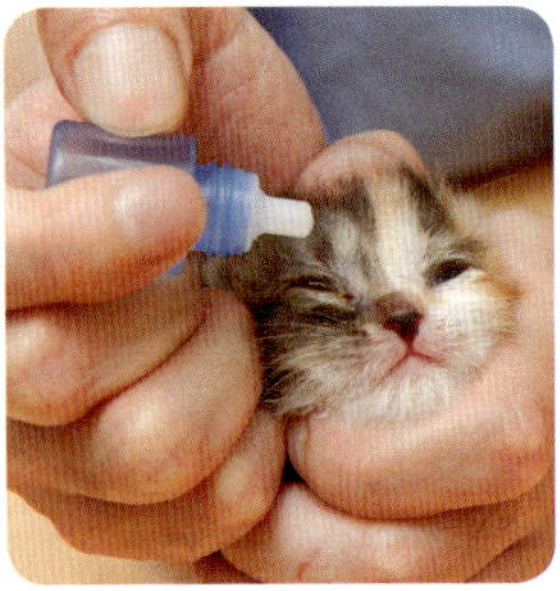

体をしっかりとおさえて頭を少し上げるように固定し、もう片方の手で目薬をもちます。容器の先端が見えないように、目尻からさします。まぶたを閉じて軽くもみ、目薬があふれたら軽く拭きとります。

いやがる場合はふたりがかりで

目薬に限りませんが、いやがって暴れる猫に無理やり投薬するのは危険。かまれたり、ひっかかれたりする可能性もあります。そんなときは、ふたりで行うのが得策。ひとりがしっかりと猫を押さえ、その間にもうひとりが薬を与えます。

錠剤のあげ方

いちばんよく処方される錠剤ですが、飲ませるのはなかなか難しいもの。かまれることもあるので、落ち着いて、スムーズに行いましょう。最後にきちんと飲みこんだかを確認しましょう。

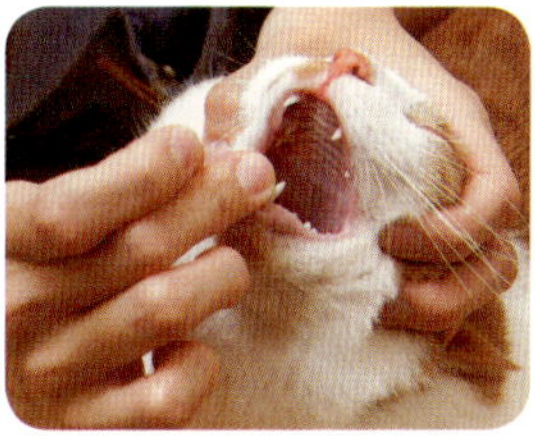

1 片方の手で猫の頭を上から包むように押さえ、もう片方の手で口を開き、口の奥のほうに錠剤を入れます。

2 口をすばやく閉じて、頭を上に向けるようにします。最後に口の中に薬が残っていないか、確認を。

のどをさすると飲みこませやすい

薬を口の中に入れて、口を閉じたら、のどをさすってあげると飲みこんでくれます。

液剤のあげ方

口に入れれば、比較的簡単に飲める液剤。ウェットフードなどに混ぜてもよいですが、食べない場合はスポイトを使用します。

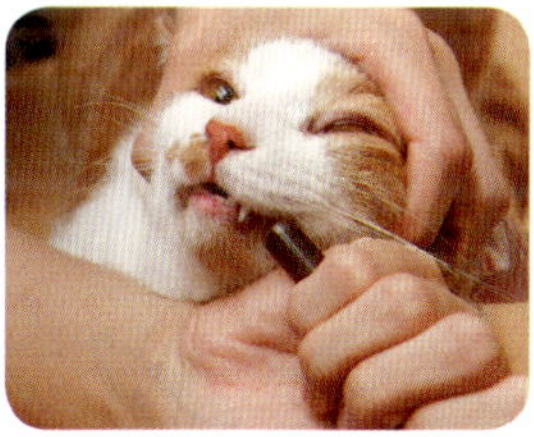

1 片方の手で猫の頭を包むように押さえて上向きにし、猫の唇を少し広げ、歯のすき間にスポイトを当てます。

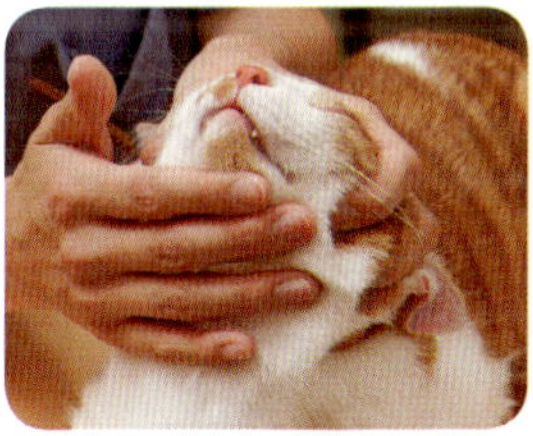

2 液剤をゆっくりと流し入れたら、口を閉じて、しばらく上向きの状態で飲みこむのを待ちます。

粉薬の場合も、水で溶いて同じ方法で与えましょう

粉薬はそのまま飲ませる方法もありますが、水で溶いて、液剤と同様の方法で与えるのが簡単。錠剤の場合も、くだいて水に溶かして飲ませてもよいでしょう。

先輩飼い主さんからのアドバイス

薬をあげるとき、こんな工夫をしています!

持病があり、毎日薬を飲ませなくてはいけないのですが、うちの猫は薬を飲むのをとにかくいやがり、毎回大暴れ。かむわひっかくわで、大変! なので、いつも猫の爪はしっかり切っていました。いろいろ試しましたが、猫をタオルで包んだり、洗濯ネットに入れて顔だけ出してあげるとスムーズ。あとは錠剤なら好きなウェットフードで包み、口の中に入れたりもしていました。

なにはともあれ、薬の時間だとわかると逃げ出すので、リラックスしているときに薬を隠して近づき、サッと与えるのがコツ。回数を重ねれば、与えるほうも慣れてきますよ。

高齢猫
Old cat

高齢猫との暮らし方

病気に気をつけて ストレスが少ない生活を

個体差はありますが、猫は7才をすぎると、だんだん老化の兆候があらわれます。しかし、最近は20年以上生きる猫も多くいます。1日でも長く、元気にすごせるように、病気に気をつけましょう。

とくに高齢猫がかかりやすいのは、慢性腎不全（173ページ参照）。15才以上の猫の3分の1が患っているともいわれます。そのほか甲状腺機能亢進症（175ページ参照）や悪性腫瘍（174ページ参照）も多いので、異変があったらすぐに検査を。また、高齢猫がやせてきたら病気の可能性が高いので、注意しましょう。猫がすごしやすい環境づくりをし、猫のストレスを最小限にすることも大切です。

老化のサイン

- □聴力や視力が低下する
- □目やにが多くなる
- □毛づくろいしなくなり、毛づやが悪くなる
- □ヒゲや口のまわりに白髪が生える
- □歯が抜けたり、口臭がきつくなる
- □食欲がなくなる
- □筋力が衰えて、ジャンプ力がなくなる
- □反応がにぶる
- □寝ている時間が多くなる

だんだんと体力が衰え、眠っている時間が長くなります。

子猫との同居や引っ越しはストレスに

元気な子猫との同居は、高齢猫にとってストレス。今まで1匹で暮らしていたのであれば、なおさらです。先住猫が高齢になってから、新しい猫を飼うのはなるべく避け、飼うのであれば部屋を別にするなどの配慮をしましょう。また、高齢猫は引っ越しやリフォームなど、環境の変化にもストレスを感じるので、なるべく避けてあげたいもの。どうしても引っ越す場合は、なるべく以前と似た環境をつくってあげるなどの配慮をしましょう。

子猫を飼うのであれば、なるべく先住猫が若いうちにしてあげましょう。

高齢猫と暮らすときに気をつけること

環境づくり

段差をなるべく少なくし、静かで落ち着ける居場所を用意

ジャンプ力が衰えるので、若いときは登れた場所にも登れなくなります。台を置くなどして段差を小さくし、「バリアフリー」をつくってあげましょう。また、トイレのフチがまたげなくなることもあるため、浅めの容器にかえて。暑さや寒さによって居場所を変えられるよう、部屋のあちこちにベッドを置いてあげると、猫がリラックスできます。

寝心地のよいベッドを複数用意し、猫が好きな場所にいくつか置いてあげましょう。

食事

フードを切りかえ、水を飲ませる工夫を

高齢猫は運動量が減り、代謝が衰えるので、今までの食事量だと肥満になります。食事量を見直したり、高齢猫用のフードに切りかえるなどの対策を。また、腎不全の予防のためにも、水をたくさん飲ませる工夫をして。

部屋のあちこちに水の容器を置いておきましょう。

ケア

爪切り、ブラッシングを定期的に行いましょう

年をとると関節がかたくなり、毛づくろいをしなくなるので、ブラッシングをマメにしてあげましょう。ただし被毛が薄くなっているので、優しく行います。同様に爪とぎの回数も減るので、ケガをしないよう、マメに切ってあげましょう。また、歯周病にも注意が必要。悪化するとフードが食べれなくなってしまうので、歯のケアを習慣に（105ページ参照）。若いころから、ケアに慣らしておくことが重要です。

ここも知りたい！

猫にも認知症がある？

大声で鳴いたり、飼い主の顔を忘れたり、食べたばかりなのにすぐねだったり……。人間と同様で、猫にも認知症と思われる症状が出ることがあります。残念ながら治療法や予防法はまだありませんが、優しく応対してあげましょう。また、予想外の行動で、ケガをしないように注意してあげて。

長生きの最長記録は？

日本一の長寿は36才。これは、人間の年に換算すると150才近いといわれています。しかし、世界にはもっと強者（強猫？）が！ アメリカテキサス州には、38才まで生きた猫がいたそうです。ちなみに、性別はどちらもメス。人間と同じで、メスが長生きする傾向にあるようです。

別れ
Last sleep

お別れのときが来たら

最期まできちんと見届け、手厚く葬ってあげて

考えるだけで悲しくなりますが、いつかは大切な猫とお別れする日がきます。どんなにつらくても、最期まで責任もってつきあうことが、飼い主の最後のつとめです。後悔しないよう、家族みんなで感謝の気持ちをこめて見届けましょう。また、供養の方法はさまざまなので、納得できるスタイルを選んでください。

遺体は清めて涼しい所で保管

遺体はきつくしぼったタオルなどで拭いて、きれいに清めてあげましょう。供養するまでは木箱やダンボールなどの棺を用意し、きれいな布やタオルでくるんで納めて、涼しい場所に安置します。とくに暑い時期は、冷房を入れるか、保冷剤で冷やすかしたほうがよいでしょう。

供養の方法

お別れは悲しいですが、精一杯見送ってあげましょう。

埋葬方法は、主に以下の3つ。どれを選択するかは、家族で話しあい、自分の考えにあったスタイルを決めましょう。精一杯の供養をしてあげることで、喪失感が抑えられます。感謝の気持ちをもって、送り出してあげましょう。

自宅で埋葬する

庭に埋葬するときは、木やダンボールなど、土にかえりやすい素材でできた棺に納めます。ほかの動物に荒らされないよう、1メートル以上の深さの穴を掘って埋めます（地域の条例に従いましょう）。

ペット霊園で

ほかのペットと火葬する合同葬、個別に火葬する個別葬、個別葬に立ち会える立会い葬の3つにわけられます。専用墓所に納骨するほか、個別葬、立会い葬なら遺骨を持ち帰ることも可能です。

費用の目安

ペット霊園によって異なりますが、合同葬は1万円前後、個別葬は2、3万円前後、立会い葬は4万円前後。納骨にも別途料金が発生します。

自治体で

自治体によって対応はさまざまなので、問い合わせてみましょう。ペット専用の火葬場がある場合や契約しているペット霊園に依頼する場合も。小さな自治体だと、ゴミ焼却炉を利用することもあります。

費用の目安

自治体によって対応が違うので、それぞれ費用も異なります。確認してみましょう。有料ゴミ扱いとされる場合は、2,500円前後の自治体が多いようです。

深刻なペットロスにならないためには？

家族同然である最愛のペットとのお別れは、本当につらいものです。しかし、どんなに悲しみに暮れても愛猫は戻ってきません。時間をかけながら、ゆっくり死を受け入れていってください。思いっきり泣くことも大切です。悲しみは家族と共有し、つらい気持ちをひとりで抱えこまないようにしましょう。忘れることはできませんが、いつか幸せな、大切な思い出だったと思える日が来るのを待ちましょう。

猫は人間より寿命が短いので、いつか必ずお別れがやってきます。それを見送るのも飼い主の務め。生前からそのことを覚悟しておくことが、必要かもしれません。

先輩飼い主さんからのアドバイス

愛猫とのお別れ、こうして乗り越えました

幼いころから実家で飼っていた愛猫が亡くなってから5年以上たちました。最期に立ち会えなかった後悔はなかなか消えず、思い出しては涙することも……。「猫を飼いたい」とは思っても、失ったときの悲しみを考えると、なかなか決断できずにいました。

そんなある日、友人から「子猫を拾ったのだけど、飼ってくれない？」というメールが入ってきました。とても悩みました。しかし、「亡くなった猫のことを忘れるためじゃなくて新しい出会いとして受け止めて、亡くなった猫と同じように幸せにしてあげてほしい」という友人のことばで、悩みは吹き飛びました。

今は新しく家族になった猫と楽しく暮らしています。もちろん前の猫のことを思い出すこともありますが、やっぱり猫との生活はとても幸せだと実感。かなり時間はかかりましたが、ようやく一歩踏み出せた気がします。

獣医師さんからのアドバイス

病気だった愛猫の、死を乗り越えるには……

ペットロスについて、本書の監修を務める服部先生にご意見をうかがいました。

「愛猫が病気になり、できる限りの治療をしたのにもかかわらず猫が亡くなってしまった……という場合は、重度のペットロスにおちいる飼い主さんが比較的少ないように思います。『これだけ最善を尽くしても助からなかったのだから、仕方がない』と飼い主さんが思えれば、納得でき、死を受け入れられるのかもしれません。そのため、信頼できる動物病院で治療することはとても大事なこと。私自身、『先生に診てもらって助からなかったのなら、仕方がないです』と飼い主さんにいっていただけたときは、最善を尽くせたかなと思うからです。残念ながら今の医療では、すべての病気を治すことはできませんし、猫とのお別れは避けられませんが、その『死の迎え方』が、後悔のないお別れにつながるように思います」

健康
Health

猫の健康Q&A

Q 避妊・去勢手術は絶対に安全なのですか?

A 全身麻酔をかけるので、まったく危険がないとはいいきれません。まれではありますが、麻酔薬にアレルギーを示し、死亡するケースもあります。また、子猫や高齢猫、体調が悪い場合など、体力がない猫はそれだけリスクも高まります。手術を受ける前に獣医師と相談し、事前に血液検査などを必ず行い、万全な状態で手術にのぞみましょう。

メスの場合、発情中は出血が多いので、この時期は避けたほうがよいでしょう。

Q エリザベスカラーをいやがります……

A 傷口をなめたり、ひっかかないように装着するエリザベスカラー。慣れない猫は、当然いやがります。ですから、いざというときのために、健康なときからエリザベスカラーを装着する練習をしておくとよいでしょう。市販のものは大きいので、猫にぴったりなサイズを手作りしてあげるのも、よい方法です。

また、エリザベスカラーを着けているときは、フード皿を少し高い位置に置いてあげると、食べやすくなります。いつものように動けずストレスを抱えているので、サポートしてあげましょう。

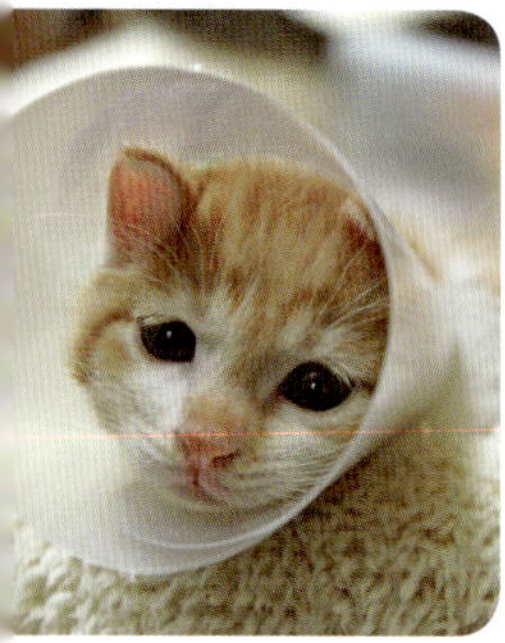

厚紙やクリアファイルを猫のサイズにあわせて切り、テープで貼るだけでエリザベスカラーのできあがり! きつくしめすぎないように注意を。

Q 猫用のサプリメントは飲ませたほうがいいの?

A 最近は、いろいろな種類のペット用サプリメントが販売されています。なかには効果があるものもあるかもしれませんが、きちんとしたフードを食べていれば、基本的に栄養は足りているはず。サプリメントを飲む必要はありません。また、商品によっては猫に悪影響をおよぼすサプリメントもあるので、獣医師に相談してから、使用しましょう。

Q 動物病院によって診察費が違うのはなぜ？

A 同じような治療を受けても、動物病院によってかかる費用はかなり異なります。それは、独占禁止法によるもので、特定の獣医師団体が基準料金を決めたり、獣医師どうしが料金を協定で決めることが禁止されているから。つまり、ペット医療は自由診療料金で、診察料が決まっていないのです。

猫に限りませんが、ペットの診察料は、決して安くありません。手術をすれば、何十万円とかかるケースもあるくらいです。そのため、診察料の高い安いも、病院を決めるときのバロメーターのひとつになります。心配なときは、診察前に料金をたずねてみるとよいでしょう。また、いざというときに備えて、ペット保険に入るという選択肢もあります（180ページ参照）。

目安ではありますが、動物病院に行くときは、左の医療費一覧を参考にしてみてください。

医療費の一覧

※下記はあくまでも目安です。地域や医療環境、病気の症状によって異なります。

健康診断 ワクチン	
基本的な健康診断	5,000～30,000円
予防接種（3種混合）	5,000～8,000円
予防接種（5種混合）	7,000～12,000円
病気	
内部寄生虫症	1,500～40,000円
外耳炎	2,000～6,000円
疥癬	5,000～19,000円
歯周病	5,000～30,000円
ノミ駆除	1,200～2,200円
その他	
1泊入院	6,000～25,000円
点滴	1,000～7,000円

病気にならないようにしなきゃ

Q 最近猫の元気がないみたい。もしかしてストレス？

A 引っ越しや新米猫との同居、通院、来客など、猫がストレスを感じる要因は多々あります。下痢や便秘、よく鳴く、過剰グルーミングをするなどといった行動は、ストレスのサイン。原因をとり除いてあげましょう。

元気がないときは、マタタビをあげるのもひとつの手。体をクネクネさせ、床にこすりつけて陶酔します。猫の体に害はありませんが、反応しない子も。粉や木、スプレータイプなどがあります。ただし、与えすぎはよくないので、ときどき与える程度がよいでしょう。

ストレス解消にマタタビはもってこいにゃの!!

INDEX

あ

か

さ

た

な

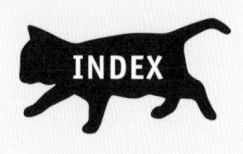

は

ま

や

ら

わ

B

I

[スタッフ]
ブックデザイン：NILSON design studio
（望月昭秀、木村由香利、境田真奈美）
撮影：松岡誠太朗、関 由香
イラスト：さかじりかずみ
執筆協力：伊藤佐知子、高島直子
編集協力：株式会社スリーシーズン
（草野舞友、松本ひな子）

[協力]
岩田麻美子
サイト「All About」の猫ガイドを担当。飼い主のいない猫の地域猫活動や保護を行っている。日々の活動はブログ「うちの中の野猫にっき」にて。
http://herbykatz.blog92.fc2.com/

[Special thanks]
石橋さん＆なめこちゃん、えのきちゃん
伊東正樹さん＆こまくん
飛田淑子さん＆KIKIちゃん、RUIくん、HINAちゃん、COCOくん
前澤千恵さん＆佑季くん＆チョコちゃん
松本伸子さん＆トラジくん、リリーちゃん、風太くん、ミロくん、モネちゃん、ペコくん
山本かおりさん＆サロメちゃん、ゆきちゃん、メリ子ちゃん

[紹介商品お問い合わせ先]

A	アイリスオーヤマ	TEL 0120-211-299
B	花王	TEL 0120-165-696
C	サンリツ	TEL 03-5462-7611
D	ダッドウェイ	TEL 0120-880188
E	D-Culture	TEL 03-6426-1509
F	トーラス	TEL 0467-71-0131
G	ドギーマンハヤシ	TEL 06-6977-8501
H	トムキャット	TEL 0532-57-5235
I	ファンタジーワールド	TEL 072-960-5115
J	プラッツ	TEL 042-576-9692
K	ペティオ	TEL 0120-133-035
L	マインドアップ	TEL 055-222-4618
M	マルカン	TEL 06-6744-6674
N	ライオン	TEL 0120-556-581
L	ライトハウス	TEL 0120-11-4362

服部 幸（はっとり ゆき）

東京猫医療センター院長。北里大学獣医学科病理学研究室卒業後、動物病院勤務を経て、東京猫医療センターを開業。病気になりにくい体作りや予防はもちろん、病気とたたかう獣医師として「質の高い動物医療の向上をめざす」という信念のもと、日々診療にあたっている。著書・監修書に『ネコの大常識―これだけは知っておきたい』（ポプラ社）、『ネコにウケる飼い方』（ワニブックス）などがある。

東京猫医療センター
東京都江東区森下1-5-4
http://tokyofmc.jp/

0才からのしあわせな子猫の育て方

2016年8月19日　発行

監修者　服部 幸

発行者　佐藤龍夫

発行所　株式会社大泉書店
〒162-0805　東京都新宿区矢来町27
電話　03-3260-4001（代表）
FAX　03-3260-4074
振替　00140-7-1742
http://www.oizumishoten.co.jp/

印刷・製本　図書印刷株式会社

ISBN978-4-278-03956-6　C0076　R51